崔迎春

谢一菡 著

# 中国印刷美术史

SPM
南方传媒 岭南美术出版社

中国·广州

**图书在版编目（CIP）数据**

中国印刷美术史/崔迎春，谢一菡著. 一广州：
岭南美术出版社，2024.1（2024.3重印）
ISBN 978-7-5362-7400-6

I.①中⋯ Ⅱ.①崔⋯②谢⋯ Ⅲ.①印刷史—
美术史—中国 Ⅳ.①TS8-092

中国版本图书馆CIP数据核字（2021）第251484号

出 版 人：刘子如
策　　划：韩正凯
责任编辑：韩正凯　田　叶
责任技编：谢　芸
装帧设计：马鸿阅
封面设计：林坤阳
封面插图：天津义成永画店

# 中国印刷美术史
ZHONGGUO YINSHUA MEISHUSHI

出版、总发行：岭南美术出版社（网址：www.lnysw.net）
　　　　　　（广州市天河区海安路19号14楼　邮编：510627）
经　　销：全国新华书店
印　　刷：珠海市豪迈实业有限公司
版　　次：2024年1月第1版
印　　次：2024年3月第2次印刷
开　　本：889 mm×1194 mm　1/32
印　　张：7.125
字　　数：175千字
印　　数：1001—2000册
ISBN 978-7-5362-7400-6

定　　价：68.00元

# 作者简介

**崔迎春**

内蒙古人，北京印刷学院设计艺术学院讲师，中央美术学院艺术史硕士，中国传媒大学艺术学博士、博士后。

从事书法艺术创作，主要研究方向为中国传统书画艺术历史与理论。已发表文章 10 余篇，出版专著 4 部。

**谢一菡**

河南许昌人，北京印刷学院设计艺术学院教师，毕业于中国艺术研究院艺术学理论专业，博士后出站。

从事非物质文化遗产研究，印刷文化研究。发表《中国印刷文化传承研究》等专著 5 部，论文 10 余篇，获市级优秀文艺成果特等奖等奖项。

# 目录

# 第一章

# 导言

印刷术是中国古代四大发明之一，它对促进社会进步与发展起到十分重要的作用。印刷术的起源、演进与传播过程，与中国文化的发展与传播相辅相成。中国印刷术所承载的内容是文字与图像两大类，文字与图像是中国美术的主要内容之一，因此通过印刷技艺完成的文字与图像，我们称之为印刷美术亦不为过。印刷美术正是以印刷技艺为媒介创作的美术作品。

印刷术在中国有着悠久的历史，与其相伴的印刷美术亦绵延悠长。

本书是对中国印刷术发展历程中，不同历史时期印刷技艺不断提升，从而出现的美术现象与美术作品进行研究。从原始社会时期陶器上的刻画符号，到殷商时期大量出土的甲骨文、金文，再到秦汉碑版，是古人刊刻技艺的源头，也是印刷美术发展的源头。隋唐时期经卷佛像画的刊印，促进了印刷美术的巨大发展。宋元时期各类书籍印刷以及书籍插图的制作，极大地提升了印刷美术作品的数量与质量。明清时期印刷美术品类繁盛，以及清代中后期西方印刷技艺的传入，促使这一时期印刷美术发展进入鼎盛时期。

由印刷刊刻完成的美术作品内容十分广泛，首先，除了书籍外，还有经卷佛像版画、书籍插画、年画、笺谱、画谱、碑版拓片、纸币、织物，以及后来的期刊、票据、地图等，印刷美术作品的内容呈现出丰富面貌。其次，印刷方式包含凸版印刷、凹版印刷、平版印刷和孔版印刷四大类，印刷材质则有木版、石版、玻璃版、金属版等，

中国印刷美术史

其中木版是中国传统印刷的主要载体，占据了中国印刷美术史的大部分时间，石版、玻璃版、金属（合金）版等则是近代以来从西方传入的印刷方式，虽然时间较短，但在各个层面都有广泛运用。因此，中国传统印刷主要是以木版印刷为主。再次，印刷美术工艺也经历着从简到繁，从原始工艺到复杂精细工艺的发展过程。颜色方面从单色印刷到双色印刷再到多色印刷，再到多色复杂的木版水印。中国印刷美术都显示出巨大的包容性。

印刷美术作品与手绘美术作品相比具有诸多独特的艺术特征。首先，其绘画内容往往是群众喜闻乐见的艺术作品。其次，由于印刷美术作品可以无差别、批量化印制，数量巨大，使其可以有更广大的受众，能够让更多的人欣赏。再次，印刷美术作品具有快速的复制性，制作价格低廉，易于在群众中传播。还有，绝大多数的印刷美术作品都会与文字相配，图文并茂亦是其独特之处。最后，印刷美术作品因其由刻刀刊刻而成，其线条具有手绘美术作品所不具备的刀凿斧刻的特殊审美效果。

印刷美术作品并非孤立存在的，它与手绘美术作品一直是相互借鉴，共同发展。手绘美术作品中的线描与皴法为印刷美术作品提供了多以线条为基本元素的创作特点。从隋唐时期的佛像线条到明清时期的山水，无一不是对手绘美术作品的借鉴。许多印刷美术作品的构图也是向手绘美术作品学习的结果。

印刷美术是中国传统美术中不可或缺的部分，它与手绘美术共同构筑着中国传统美术。

就目前而言，已有的专门论述版画、年画、画谱等的书籍与文章不胜枚举，但从印刷视角出发，以印刷为主线进行梳理，从印刷工艺层面审视文字与图像问题，一直以来没有给予足够重视的内容。本书是在借鉴前人大量研究的基础上，在此方面做出的一次尝试。试图以美术的角度对印刷的发展进行考察，勾勒出中国印刷美术史的发展轨迹，探索其发展脉络。

在社会快速发展的当下，新媒体数字充斥着我们的生活，传统的印刷业受到巨大冲击，印刷美术亦无例外，年画的衰落已让我们有了深刻的认识。大批的印刷美术创作者依然在不断探索新时代下如何发展。与此同时，对传统印刷美术的梳理亦日益重要，一方面是为了肯定传统印刷美术曾做出的巨大贡献，另一方面传统印刷美术依然是未来发展的巨大基石。

第二章

印刷美术溯源

印刷术是中国古代伟大发明之一，从古人制造工具开始，在印刷领域的发明创造就绵延不断，印刷美术与印刷技术相伴而生，它随着印刷技术的发展而发展，因此印刷美术也有着悠久的历史。

早期人类文明中，已经有印刷美术的痕迹。文字出现以前的时期被称为史前时代，亦称石器时代。石器时代分为旧石器时代和新石器时代。旧石器时代，先民们在生产劳动的过程中，不断地创造和使用打制石器，逐渐开启了先民们的造型能力及审美意识。新石器时代先民们发明了陶器，陶器在生活中被广泛运用。陶器造型和陶器装饰不断繁荣，地画、壁画、岩画、泥塑中大量形象，还有各种刻画符号，都是有迹可循的印刷美术的源头。

夏、商、周时期是中国历史进程中的一个重要时期。生产力的巨大发展，带动文字逐渐成熟并推动人类文明的发展。大量的文字，通过刊刻、浇铸等手段出现在甲骨、青铜器、陶器、玉器、漆器等上面，它是由许多工匠通过刻的手段留下印痕，刻的过程正是印刷美术作品的最初工序，它为印刷美术的发展奠定了良好的基础。

秦汉时期中国历史进入强大的帝国初期。阴阳五行思想、神仙信仰、儒家伦理道德观念等成为人们的普遍信仰。艺术风格浑厚质朴、深沉雄大，富于力量与气势。文字在剧变，篆书、隶书都各领风骚。此时在石版、山崖、金属等不同材质上的刊刻技艺已十分成熟，艺术风格各异，彰显着这一时期的视觉盛宴，其中碑版成为刊刻文字与图案的大宗。

魏晋南北朝时期，中国文化思想领域呈现出纷争跌宕的壮阔景象。此时期佛教传入，道教兴起，玄学盛行，空前繁荣的文化氛围，促使整个时代艺术气氛浓郁。其中，佛教信仰普及，佛教雕塑、壁画繁荣昌盛，各地开窟造像、题记成风，涌现出大量的艺术精品。宗教的传播促使拓印技术出现，印刷美术作品中所需要的刻与印已初具雏形。

这些有着悠远的历史、深厚文化底蕴的实物资料，展现了中国早期印刷美术真实的艺术面貌。

# 第一节　印刷美术的原始形态

中国印刷美术伴随着印刷技艺的产生和发展而经历了漫长的历史阶段。印刷美术的历史源远流长，根深叶茂。在中国早期历史中，古人已经开始生产工具，其中有对石材的选择、加工，还有在陶器的生产过程中，其造型、加工等方面已经具备了印刷美术作品中刻与印的主要特点，从而成为印刷美术发展的源头。

## 一、陶器上压印纹饰和刻画符号

石器时代陶器上出现的压印纹饰和刻画符号是印刷美术的起源形态。

早在四五千年前的新石器时代，我们的祖先就已经懂得使用压印的方法。在陶器制作过程中，泥坯尚未干燥时，他们会印上各种纹饰，使陶器的陶壁更为坚实和美观。

压印的纹样十分丰富。在黄河流域裴李岗的陶器上有弧线纹、斜线纹、篦点纹等压印纹。仰韶文化的陶器上有布纹（图1.1）和编织的席纹。磁山文化的陶器上有绳纹、方格纹、篮纹等装饰纹样。这些纹饰都是压印在器皿上，烧制后就成了印纹陶器。这种压印的图案是印刷美术萌芽时期可见的实物作品。这些压印的纹饰是由圆形或方形的陶拍，压印在半干湿的陶坯上。印纹有叶脉纹、圈点纹、人字纹、间断条纹等，纹饰有着印痕深浅一致、清晰均匀、规整细致而统一的特点。（图1.2）纹饰在线条粗细、长短中寻求变化，它们体现着先民们在艰难生活条件下朴素的审美意识与审美追求。

 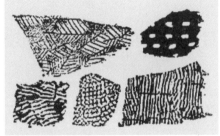

图1.1　仰韶文化陶器上的　图1.2　陶器上的各种纹饰
布纹

　　除了压印纹饰以外，很多陶器上还刻画了各种符号，它们被认为是原始形态的汉字，是我们可见的最早的文字雕刻技艺。这些不仅是研究中国汉字起源的重要信息，还是印刷美术起源的重要组成部分，它们遍布在全国各地。

　　在西安半坡遗址出土的陶器口沿上，发现有27种刻画符号。在陕西临潼姜寨遗址出土的陶器上，有38种，共计120多个刻画符号。在青海乐都县（今乐都区）柳湾遗址出土的陶器上，有130多种刻画符号。（图1.3）

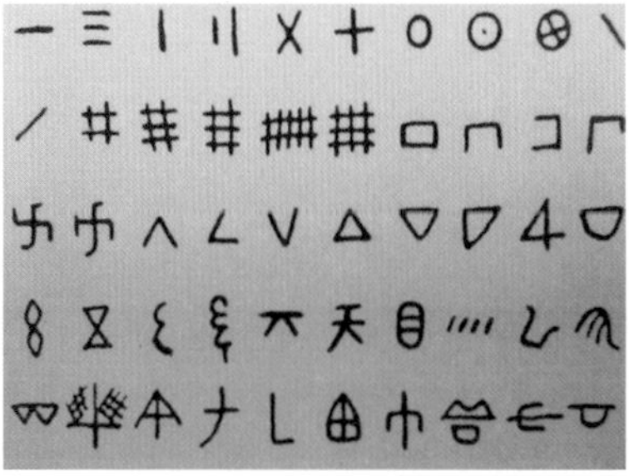

图 1.3　青海乐都县柳湾陶器上的符号

图 1.4　大汶口文化刻有图形文字的陶器

图 1.5　局部放大图

1959 年在山东泰安县大汶口出土的陶器有图形文字，已经具有较为明确的会意和象形的特征。陶尊外壁上刻有日、云、山组成的图案，描绘了早晨太阳升起的景象，被认为是会意字"旦"。图案中的弧线处有十分明显的刻的痕迹。（图 1.4、图 1.5）1986 年在安徽蚌埠双墩遗址出土的陶器上，有 59 种原始文字刻画符号。（图 1.6）

图 1.6　安徽蚌埠双墩遗址出土的陶器上符号

另外，在山东邹平县出土了龙山文化刻字陶片。在河南郑州二里岗文化遗址出土的陶器上，其刻画的符号与甲骨文已是十分相似。还有河北藁城出土的商代陶器和江西清江吴城出土的陶器上的符号，也与甲骨文关系十分密切。这些符号具有象形性和简洁性，线条古朴而稚拙。原始形态的汉字被抽象化，形式感凸显，圆圈、直线、折线、弧线被自由地组合运用，从而表达不同的事物。

新石器时代出现在陶器上压印出来的纹饰和刻画的图案与符号，具有刻与印的印刷技艺因素，是印刷美术萌芽时期的印痕，而中国印刷美术正是在这些压印纹饰和刻画符号上逐渐发展起来的。

## 二、刻出来的甲骨文字与刻铸结合的青铜纹饰

随着社会的发展，文字逐渐成熟。在各种材料上雕刻纹饰与文字的技艺逐渐完善，尤其是在甲骨、青铜器、石板及木板上刻画、浇筑的文字，为中国古代印刷美术的出现奠定了基础，创造了条件，成为中国古代印刷美术的先驱。

商代后期的甲骨文，是刻在古老的龟甲和兽骨片上的古代文字，它是中国最早的系统化的成熟文字。这些甲骨文字显示了早期文字雕刻技艺。1899年，王懿荣收藏了几千片甲骨，被称为"甲骨第一人"。后来王懿荣的儿子王崇烈将这些甲骨卖给刘鹗，刘鹗将其编成第一部甲骨文拓片集《铁云藏龟》，共收录1088片。

甲骨文的内容多为卜辞，使用的兽骨多为牛骨，也为鹿骨、羊骨、猪骨、马骨，而龟甲则是产自南方的进贡之物。龟甲和兽骨片上的甲骨文是先写后刻，首先由史官或祭师来书写，再由专人契刻，甲骨文的契刻技艺已达到相当高的水平。契刻以方便为原则，与书写的顺序有所不同。笔画方向有的是由上而下，有的是由下而上，或随时旋转

甲骨，以方便雕刻。有些笔画只刻一刀，有的则需要从笔画两边刻下，剔去中间，成为一笔。刻字用的刀具，有人认为是当时先进的冶炼技术提供的含锡的青铜刀，或动物尖利的牙齿以及玉刀。甲骨文的契刻技艺为雕版印刷技艺的出现奠定了基础。（图1.7、图1.8）

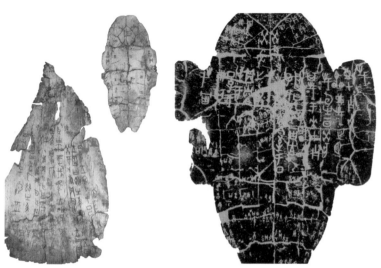

图1.7　刻有甲骨文的龟甲　　图1.8　龟甲刻片辞拓片

由于不同时期用刀特点不同，刊刻文字中的线条或纤细或厚重，或短促或悠长，让这些刀刻的文字展现出不同的美感。它们有的古拙劲削，有的雄健宏伟，有的豪纵奔放，它们展现了早期印刷美术中古朴的气息。

商周时期的青铜器铭文是铸于青铜器上的文字，也被称为金文或钟鼎文，它们在青铜彝器、乐器、度量衡、铜镜、钱币、兵器上。金文有的铸于青铜器腹内，有的铸于青铜器外面，还有的铸于青铜器的盖上。金文的铸刻过程有一定的技术性，在浇铸前要先用泥刻出字范，有的是一字刻一范，有的是多个字刻一范，然后拼在一起，再进行浇铸。浇铸前刻的字范是反向凸字，这与后世的活字印刷刻字方法十分相似，可见二者之间有着内在的传承关系。

不同时期的金文有着不同的审美特点。商代金文线条比甲骨文略粗，显示出浑厚之风。西周金文有较多的象形文字，笔画有纺锤形等，风格十分独特。东周金文则笔画匀细，字形结构方正。

在青铜器的器壁上的金文，还有许多象形款识，造型质朴，线条简洁。（图 1.9）在陕西凤翔县出土的西周晚期的青铜器散氏盘，内有铭文 19 行，共 357 字。其铭文浑厚圆润，浑朴雄伟，用笔豪放质朴。（图 1.10、图 1.11）在甘肃天水出土的春秋时期的秦公簋，盖铭有 53 字，器铭有 51 字，共 104 字。战国时期铭文最长的器物，是河北平山县中山王墓出土的中山王方壶，有铭文 448 字，其笔画细劲，字形修长，文字排列工整。这样长篇的铭文，说明商周时期的青铜器文字，已经有了很高的文字雕刻和铸造技艺。通篇铭文章法排列合理，文字间距疏朗，为后来印刷技艺与书籍印刷发展提供了借鉴。

图 1.9　商代金文象形款识

图 1.10　西周青铜器散氏盘铭文及器型
拓片

图 1.11　西周晚期散氏盘铭文拓
片

　　另外，商周时期的青铜器纹饰十分丰富，纹饰有饕餮纹、蟠螭纹、
夔龙纹、鸟纹、凤纹、波纹、云雷纹等，装饰在青铜器外侧以及口沿处。
（图 1.12）青铜器散氏盘除了内部有文字，在它的外侧腹部有夔龙纹，
圈足有三个兽首首面纹。青铜器上的这些纹饰也是依据文字雕刻和浇
铸的方法制作而成，多以柔韧的阴线刻出，或作阳线凸起，而且构图
丰满，主纹两侧则多用富于变化的云雷纹和圆涡纹填充，这些纹饰具
有阴阳互补之美，古朴浑厚的气息呈现在我们面前。

　　青铜器表面上的纹饰，与青铜器上的文字制作工艺是一样的。青
铜器上的纹饰一种是像文字一样的先刻范再铸，还有一种是用了模
板捺印的方法，就是用一块已经刻好的模板，快速捺印出许多花纹。
这种刻与捺印的复制工艺和后来印刷技艺中的复制工艺十分相似，它
们具备了印刷美术作品的基本元素，成为中国早期的印刷美术作品。

图 1.12  商周时期青铜器纹饰

## 第二节  印刷美术的雏形

### 一、多样化的碑版雕刻

石刻文字是将文字刻在碑版及
山崖上，它在中国古代有着悠久的
历史。石刻文字的雕刻数量较多，
其雕刻技艺的发展，与雕版印刷之
间有着直接的传承关系，也是中国
印刷美术众多起源形态之一。

图 1.13  石鼓

石鼓文是春秋时期秦国刻在似
鼓形石头（图1.13）上的文字。

图 1.14　石鼓文拓片

图 1.15　秦《泰山刻石》

图 1.16　秦《峄山刻石》

其字体是介于金文和小篆之间的大篆。石鼓文线条字体浑厚质朴，舒和匀整。（图 1.14）秦统一全国后，提出"书同文"的政令，小篆成为秦朝的标准字体。秦始皇在巡视各地时，曾在泰山、琅琊、会稽、峄山等地竖碑刻石，其字体就是李斯书写的小篆字体。如《泰山刻石》（图 1.15）、《峄山刻石》（图 1.16）、《琅琊刻石》等。目前，最早的《泰山刻石》是明代拓片，只残留 20 余字。《峄山刻石》拓本是北宋淳化年间郑文宝根据徐铉摹本所刻。

汉代时期，由书法家蔡邕书写，曾经立于洛阳太学门前的《熹平石经》（图 1.17），一共刊刻 46 块，每一块石碑高 333 厘米，宽 133 厘米，20 余万字，是我国历史上最早的一次石经刊刻工程。刻制石经主要是为了传播儒家著作，以供人们传抄、阅读，因而它也被称为"刻在石头上的书"。《熹平石经》刻成后不久，就遭到损毁，目前只有残石及拓片留存至今。除此之外，汉代碑刻数量众多，如《张迁碑》（图1.18）、《曹全碑》《礼器碑》（图1.19）等，它们展现出汉代不同的隶书风格特点，这些文字中不同的笔法（方笔、圆笔等）在书写过程中，融入入笔、行笔、收笔中，使文字线条展现出不同的美感，也体现了刻工高超的刊刻水平，为以后印刷字体的选择提供了取之不尽的源泉。

三国时期魏国刊刻的《正始石经》（图1.20），用大篆、小篆、隶书三种字体刻成，因而也被称为《三体石经》。三国时期被奉为

 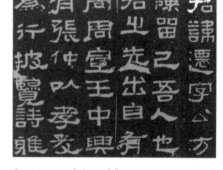

图 1.17　汉《熹平石经》　　　图 1.18　汉《张迁碑》

图 1.19　汉《曹全碑》《礼器碑》等　　图 1.20　三国《正始石经》

楷书之祖的钟繇，其楷书力作《宣示表》（图1.21）、《贺捷表》、《力命表》等，展现出字体在经过大篆、小篆、隶书之后，楷书已经作为一种新的书体，完成了字体的演变。在经历王羲之、王献之的艺术实践后，楷书逐渐走向成熟，并成为印刷术发明后的首选字体。

北魏时期刊刻了大量的墓志、碑刻，影响较大的有《龙门二十品》。北魏碑刻字体风格独特，方劲宽博，方角凌厉，结构严谨，写刻精致，字迹清晰。其中《始平公造像记》（图1.22）与其他碑刻略有不同，是阳刻文字，而且每字都有界格，是典型的阳文方格大字。这种文字的雕刻形式与雕版制作工艺十分相似。魏碑刻字字体后来被设计成铅活字字体，成为印刷字体中的一员。

图1.21　三国《宣示表》　　　　　　图1.22　北魏《始平公造像》

晋代砖瓦上的文字则更具特色，砖瓦上有许多阳文凸起的反写字，例如梁萧景的神道石柱，就是反写反刻，这与雕版印刷书籍文字的形式更加接近了。

东汉末年，流行在木板上写字刻字，王远曾在宫门上写了400多字。兴平元年（194）益州太守高朕将修建周公礼殿的经过，刻在礼殿东南的一根方柱上。

另外，在碑版上刊刻文字时经常会有图案与之相配，从而增加文字的装饰效果。碑版上会有碑额，在碑额上我们经常看到刻有动物、植物图案的纹饰。例如汉代鲜于君碑碑额 （图1.23），在碑铭左右两侧分别刻有两条龙的形象做装饰。当碑版在拓印过程中，文字与图案一并被复制并传播。

这些在石板和木板上雕刻文字与图案的技艺，为雕版印刷的发展在刊刻技术上积累了大量的实践经验。为中国印刷美术的发展奠定了良好的基础。文字各自的审美特点，通篇文字的章法安排，文字与图

图1.23　汉代鲜于君碑碑额

像之间的关系等方面的初步探索，使早期的印刷美术作品呈现出丰富的形态。

## 二、印章是印刷美术的胚胎形态

印章是我国早期印刷美术的重要形态之一。

印章与印刷技艺之间也有着密切的亲缘关系，甚至有学者直言，中国古代印章启发了雕版印刷术的发明，因为印章的文字反刻和文字盖印（使文字得以复制的过程），与雕版印刷技术、印刷工艺方面非常相似。

印章在中国有着悠久的历史和独特的艺术魅力。刘熙在《释名》中说"印者，信也"。印章是当私有制社会形成后，人们在社会交往中作为昭明信用的凭证，是用来识别真伪、取信的标识。印章和纸是发明雕版印刷的技术基础和物质基础。因此，印章在早期印刷美术中是不可或缺的一部分。

目前可知最早的印章，是在安阳殷墟出土的三方商代青铜玺印。战国时代玺印已十分流行。印玺又称"图章"或"戳子"，印玺上的文字或铸或刻凿，其文字无论是阴文还是阳文，大多印在胶泥上，这种钤有印章的土块称为"封泥"（图1.24），作为信件封口的印记。"封泥"是中国古代用印的重要形式之一。

早期印章多为青铜材质，印文制作工艺有铸与刻两种方式。印章是阴文，所以钤在泥上便成了阳文。东汉时期，印章逐渐用于着色盖印，有朱砂制成的红色，还有黑色等。在敦煌发现的帛书中，就有 黑色印文。除了青铜印以外，印章还有许多木头材质，例如在汉代就 曾流行"刚卯"或"严卯"，即用玉或桃木刻成三寸长的印。晋代道士们还曾用枣心木刻符印，用来吓退鬼怪和野兽。葛洪称入

图 1.24　印章和封泥

山者都佩戴"黄神越章"之印，"其广四寸，其字一百二十"，在四寸宽（约13.3厘米）的印章上，刻有120个字，相当于一块小印版，与印刷十分相似，将印文印在 纸上，就是随身佩戴的符咒。北齐河清时期（562－564）的木制篆 书"督摄万机"印章，长20厘米，宽6.7厘米。这方印章则是印在两 张单据连接处的长印，称为"骑缝"或"籍缝"，主要起到防伪的功效。另外，印章中除了文字，还有许多动物纹饰的肖形印（图1.25），如羊、鹿、虎、猴、象、鱼、

图 1.25　动物纹饰的肖形印

鹳等，还有的印章是文字与动物纹饰结合在一起。

印章上的文字多为早期篆书字体，动物图案造型简洁洗练，形象古朴。这些印章印文、纹饰雕刻在盖印工艺过程中，已经具备了刻印图文与印刷图文两个步骤，因而我们可以认为，它为成熟的印刷美术作品提供了必需的技艺，是中国古代印刷美术作品的早期雏形。

## 三、拓印使印刷美术得以呈现

复制技艺是印刷美术作品得以呈现的重要一环。印刷美术作品的起源过程中，雕刻技艺日臻完善，美术作品复制技艺也在不断地探索。除了印章的钤印之外，拓印也是复制中的主要技艺之一。

拓印是一种文字和图案的复制技术，它是将石刻上的有凹凸反差的文字和图案，用纸、墨拍印出来，从而取得文字或图案的复件，使其得以保存、传播和学习。拓印过程中，由一石而印出千百份，这种变化打开了人们的眼界，人们对此产生了巨大的兴趣。拓印技艺使印刷美术作品得以最终实现，并广泛传播。

拓印技术最早应用于碑版石刻的拓印。通过拓印，今天我们得以看到甲骨文、石鼓文、青铜器铭文与纹饰、瓦当文字与纹饰等。这些珍贵的书法真迹和纹样图案，通过拓印技术得以保存和流传。受到拓印技艺的启发，雕版印刷由此产生。在雕版印刷技术的产生过程中，石刻技术被完美地体现在雕版印刷技术中。材料上，由于石头笨重坚硬，难搬难刻，人们逐渐用木头代替石头。古人选用的木板材料，有梓木，因而刻版又称为"刻梓"或"梓行"。后来通用的有梨木或枣木，还有柏木、黄杨木、银杏木、皂荚木、苹果木等。木板在刊刻前还需要进行浸泡、晾晒、打磨等处理才可以使用。拓印技术的出现，应该不晚于南北朝时期。

居延金关出土了汉代的《人物图》《妇人图》《人马图》等木版画，就是使用木质材料图绘印刷的方法制作。

在《隋书·经籍志》中有明确记载，皇家藏书中有一类是拓印品，可见，拓印在隋以前就存在了。目前有实物可考的最早的拓印品是在敦煌藏经洞出土的唐太宗李世民的书法作品《温泉铭》（图1.26），还有从敦煌发现唐代咸通本的《金刚经》实物，说明古代雕版印刷的刊刻和拓印技术在唐代就已经相当成熟了。

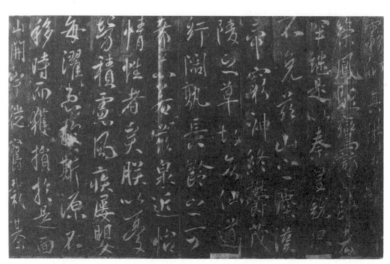

图1.26 唐李世民《温泉铭》拓片

## 四、织物印花

印刷美术的产生与发展，是为了满足人们日常生活的需求。人们日常穿着的织物中的印花技术，正是采用了印刷中的复制工艺，这种工艺与雕版印刷术之间的联系显而易见。

图 1.27 金银火焰印花钞

图 1.28 金银印花纱的花纹
单元

早在中国的夏商时代，就已有对织物进行染色的技术，在染色基础上印花技术也随之发展起来。古人用的染料多以植物颜料为主。例如在陕西宝鸡就出土了一件有印痕的西周织物。

另外，在湖南长沙马王堆一号汉墓还出土了三件金银色套印的织物。它们都是相同印版印刷的，这是目前为止，我国历史考古中发现的最早的套色印刷工艺的织物。在底面为深灰色的织物上，套印菱形迂回曲折的图案，之后再用金色套印金点，因为图案像火焰，这种织物也被称为"金银火焰印花纱"（图1.27）。其套印工艺，经鉴定认为是采用凸版套印技术。印刷时先印完一组图案，再移动至下一个点位进行印刷。这样逐次套印的过程与盖印章的方法相类似。从这些墓室出土的古代织物来看，套印工艺已经十分成熟，并达到了很高的技艺水平。其发展的悠久历史，与后来出现的雕版印刷术也有着一定的传承关系。

日常生活中的印刷美术作品还有许多，在考古中发现的织物不在少数。1983 年，在广州南越王墓出土了大量的炭化丝织物，在这些织物上，有火焰形的图案，还有红色小圆点纹等，这些图案也是用套印工艺完成的印染。与这些织物同时出土的还有印制这些图案的一套两件铜印花凸版，是我们现在已知的最早的古代织物印刷工具。印版为扁而薄的板状，与陶拍类似。正面是凸起的图案，背面光滑平整，整体上看像一棵树上的顶部旋曲着几簇火焰的小树。（图 1.28）可见，在西汉时期，织物的印刷工艺已经得到了广泛的应用。1959 年，在新疆民丰县一个东汉墓室中出土了大批纺织品，其中有一块是印花棉布，运用了蜡染中蜡缬印花技艺的印花织物。

在织物上印花的技艺已十分纯熟，中国古人运用套印、蜡染等丰富的图文复制技术，创作了大量早期印刷美术作品，它们也为后来成熟印刷术的出现提供了技术基础。

## 第三节　佛教对印刷美术发展的推动

佛教在中国广泛的传播，极大地推动了印刷技术的发展，大量的佛教印刷美术作品随之创作出来，成为中国印刷美术发展的第一个高峰。

东汉初年，印度佛教传入中国，南北朝时期，佛教在中国得到快速发展，大量佛教经典被翻译成中文。许多佛教僧侣、信徒在佛教的宣扬过程中，最早使用了印刷技术。他们有大量经文需要抄写，大量佛像需要绘制，为了满足传播过程中对经文的大量需求，这些僧侣、信徒成为早期印刷术的实践者。印刷史学家钱存训认为："虔诚的佛教徒复制大量佛经的热情，对中国印刷术的诞生，有过很大的影响。"①

两晋时期，手写本就已经十分盛行。现在我们可知的、最早的有两晋时期的《三国志》，是带有隶书味道的楷书。1924 年，在新疆鄯善发现《三国志·吴志》。1965 年，在新疆吐鲁番发现《三国志》残卷。

两晋时期的佛经亦十分丰富。敦煌藏经洞中的《摩诃般若波罗蜜经》，为早期佛经写本，虽用楷书字体，但笔画中留有隶书的痕迹。新疆吐鲁番出土的《法华经》残卷，其楷书为主要字体，写经中章法运用边框线和行格线。南北朝时期的经卷中，有北凉时的经卷《优婆塞戒经》，也是以楷书为主要字体，版面格式中也有边框、有界格。这种写经的章法和形式被雕版印刷的版式所学习和借鉴。

新疆吐鲁番出土的《华严经》卷第二十九（现收藏于日本东京书道博物馆）中，还明确记载了书写时间，其卷末尾处有"梁普通四年太岁卯四月正法无尽藏写"。在敦煌藏经洞也有出土北魏时期的《法华经》，在此经卷中书写经卷的僧人"经生"，有了明确的记录。其卷末尾处有"延昌二年岁次水巳四月十五日敦煌镇经生曹法寿所写此经成讫"。《金光明经》卷第四是西魏时期的写经，经卷字体与北魏碑刻字体相似。

两晋南北朝时期是中国古代纸本写经的黄金时期，有大量的写本经卷的留存，其字体和版式模式逐渐定型。此时佛像的印制出现了捺印②佛像。收藏在中国国家图书馆的一本东晋佛经写本《杂阿毗昙心

① 曲德森主编：《中国印刷发展史图鉴》，太原：山西教育出版社，2013 年，第 61 页。
② 捺印是将被印物放在下面，刻版在上面，连续捺压，刻版上的图像就会被印在印物上。

论》卷十，其背后有数幅捺印佛像。根据佛像造型以及墨色变化来看，这几幅佛像是由同一块印版捺印而成的。在敦煌藏经洞也曾出土了一幅佛事活动遗物捺印的千佛像，从佛像来看，也是一组一组捺印的。（图1.29）

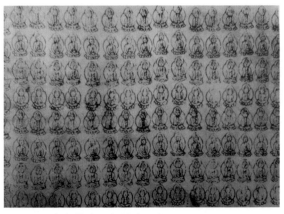

图1.29　捺印佛像，敦煌出土

1983年11月30日，敦煌附近的大庄严寺废墟中发现了一件隋朝雕版印刷美术作品《设色印刷佛像》（图1.30），出现在美国纽约克里斯蒂拍卖行。画面长和宽大约32厘米，呈旧米黄色。画面为上图下文，上面描绘了南无罪胜佛居于画面中央，两名侍从在左右两侧。南无罪胜佛衣着飘带，有背光，

图1.30　设色印刷佛像　隋

两脚分立做行脚状。两名侍从有背光和飘举的衣带，只是形象都十分矮小。左边的侍从手执钵器，右边的侍从在顶礼膜拜。人物线条齐整，颜色匀净。在画面的下半部分有九行文字，文字中记录这幅印刷美术作品是在隋朝大业三年（607）四月由沙门智果和尚主持刻印。

在唐朝之前，中国印刷美术也在萌芽状态中缓慢发展。在这个漫长的历史过程中，大量的文字和图像在刊刻和拓印、捺印中留存下来，成为中国早期珍贵的印刷美术作品。

随着佛教在中国的广泛传播，对佛经与佛像的需求迅速增加。写本已经不能满足需求，大量刊刻实践经验的积累与复制技艺的不断提高，为雕版印刷佛经和佛像做了必要的准备工作，至唐代雕版印刷术在此基础上应运而生。中国印刷美术也进入全新的历史时期。

第三章

印刷美术开端

　　唐朝前后近三百年的历史，在经历了贞观之治、永徽之治后，唐代进入鼎盛时期，政治、经济、文化等方面都有了巨大的发展。这一时期政治稳定，经济发达，文化繁荣，思想活跃。在文化上，唐诗在此时有了巨大的发展，大批有卓越成就的诗人涌现出来。绘画也逐渐走向成熟，其表现领域涉及生活各个方面，并有较详细的分科。山水画从人物画的背景中独立出来，花鸟画分科独立，出现专擅花鸟的画家。绘画表现技法不断丰富，抒写文人情怀。宗教美术明显地走向世俗化。

　　在文化艺术繁荣发展的唐代，各门类艺术都有新的成就。雕版印刷技术不断完善并逐渐走向成熟。在印刷术的带动下，唐代印刷美术也有了很大的发展。

　　中国印刷美术的发展，有着诸多方面的因素。

　　首先，印刷材料的丰富，为印刷的发展提供了有力的物质材料的保障。唐代的纸和墨，在质量上较以前有很大的进步。例如益州有黄白麻纸，均州有大麻纸，蒲州有细薄白纸，扬州有六合笺，临川有滑薄纸。在四川蜀地纸张的品种也很多，有滑石、金花、麻面、鱼纸、十色笺等，纸张的发展为印刷美术作品的印制提供了充分的保障。印刷时所用的墨有易州墨、谷墨、绛州墨、潞州墨、歙州墨等，这些上好的墨也是印刷美术发展的必要材料。

　　其次，楷书在唐代的巨大发展，也在客观上促进了印刷美术的发展。唐代在中国书法史上，是隶书向楷书转变的重要时期。在唐代出现了大批以书写楷书著称的书法家，如虞世南、欧阳询、褚遂良、李邕、颜真卿、柳公权等人，其中颜、柳二体，对后世影响巨大。因为楷书字体在雕版过程中易写易刻，经过人们在雕版印刷中的长期选择，楷书被选为雕版印刷的最佳字体，它也无疑成为推动印刷发展的因素之一。

更为重要的是，社会对印刷品的需求量增大。唐代印刷品的内容非常丰富，有佛经佛像、诗文集、历书、阴阳杂记、占梦、相宅、纸牌、纳税凭据、韵书、子书等。因此，随着印刷技术的成熟，印刷活动遍布中国南北方，如敦煌、成都、洛阳、长安、淮南等地。各地寺院、民间坊肆等都有从事印刷活动。印刷美术在此时有了长足的发展。

唐朝灭亡后，中国再次进入混乱分裂的历史时期。短暂的五代时期只经历了 50 多年的时间，在北方先后出现了后梁、后唐、后晋、后汉、后周五个朝代。在南方有吴、吴越、楚、闽、南汉、荆南（南平）、南唐、前蜀、后蜀，以及北方的北汉等地方割据势力。因此，这段历史时期也被称为五代十国。这个时期，虽然有许多战争，但也有相对平静的地方。各国在征战的同时，也会努力发展各自的经济和文化。在这样的环境下，印刷的数量和质量依然迅速提升，同时造就了一批优秀的刻工。私人印书开始兴起。政局相对稳定的蜀国、吴越国的印刷技术较为先进，它们成为此时印刷美术创作的重要地区。

## 第一节　唐代经卷版画

　　版画是印刷美术作品中的大宗。中国版画艺术开始于唐代，在版画中佛教版画最先出现。为了维护国家政权，唐朝统治者利用宗教来加强统治，所以佛教被广为信仰。佛教的兴盛，使社会对佛经、佛像的需求量大增，书写的经卷已不能满足需求，有人开始采用雕版印刷技艺进行复制。唐代《僧园逸录》中云："玄奘以回锋纸印普贤像，施于四众，每岁五驮无余。"[1] 可见，当时已有大量佛像印制。玄奘法师也曾刊印过佛教版画，他曾经每年都会用回锋纸大量印制普贤像，施于众徒，可惜他所刊印的普贤像并没有被流传下来。这些佛像版画是中国雕版印刷术美术作品的源头，它们开创了中国版画艺术的先河。

　　唐代大量的印刷美术作品中，有经卷、历书、纸牌等多种印刷品，其中经卷占有较大数量。

　　在敦煌藏经洞中，就出土了几十件唐、五代时期的印刷品。其中，现存于英国伦敦不列颠博物馆的《金刚般若波罗蜜经》，是有明确年代记载的佛教版画，刊印于唐代咸通九年（868），是我国印刷美术史上的重要作品之一。其卷首扉页刻印《祇树给孤独园图》（图 2.1），此图长 28 厘米，宽 24 厘米，图的左上方刊有"祇树给孤独园"，下方刊有"长老须菩提"，依据此意，称其为"祇树给孤独园图"。其内容是佛祖在祇园为须菩提长老说法，图画中间位置是释迦牟尼神态怡然地端坐在中央莲花座上，座前案桌上陈列着供养的法器。

---

[1] 唐代冯贽《云仙散录》卷五。

佛的前方是须菩提，则是一副虔诚的神态，他面佛而跪，偏袒右肩，合掌向佛。佛顶左右有飞天旋绕，分撒着鲜花。佛座后有菩萨、比丘、帝王宰官围绕，图中众多人物形象各异，生动自然，栩栩如生。整个图内容也十分丰富，经幢、莲座、佛光、祥云等，构图错落有致，层次分明。画面中的线条挺拔流利，柔和中显现出刚劲，从而感受到佛的庄严和对佛的崇敬。在图后是经文，经文字体是端正的楷书，镌刻刀法朴拙厚重。在卷末刻有"咸通九年（868）四月十五日王玠为二亲敬造普施"，这是已知现存最早的有明确刊印日期和刻印者姓名的作品。它有卷首插图，有落款，是卷轴装的完整作品。它体现出唐代较高水平的印刷美术作品。

图 2.1　唐刻本《金刚般若波罗蜜经》卷首刻印《祇树给孤独园图》，敦煌藏经洞出土

另外，敦煌藏经洞还有一些佛经刻印品，如刻印于唐代中期的《一切如来尊胜佛顶陀罗尼经》和《佛说观世音经》等，都是精美的印刷美术作品。《一切如来尊胜佛顶陀罗尼经》是现存最早的有栏线、有边框的印刷美术作品，宋代的印刷版式正是继承了它的形式。《佛

说观世音经》的字体端正，刻印精良，也是一部优秀的佛经印刷美术作品。

除了敦煌藏经洞以外，在其他地区还发现了武则天时期印制的经卷。

1906年，在新疆吐鲁番发现了《妙法莲华经》。此经现藏于日本东京书道博物馆。经卷为卷轴装帧，用黄纸来印刷，经文是武则天时期的制字，因而被推断为武则天时期的印刷美术作品。

1966年，在韩国庆州市佛国寺释迦石塔内发现了一卷长达8米的，且以楮纸印刷完成的卷轴装的《无垢净光大陀罗尼经》（有学者认为是新罗僧人或学者来唐朝交往时带回的佛经）。

1944年，在成都东门外望江楼附近出土了保存较为完好的《陀罗尼经咒》（图2.2），此经藏在墓中人骨架臂上的银镯内，所以印刷纸张虽然很薄，却至今保存较完好。经卷大约刻于8世纪中叶，长31厘米，宽34厘米。经卷中间绘有一尊佛像坐在莲花座上，外围四周还刻有一圈小佛像，内外佛像中间刻有梵文经咒，佛像与经文之间形成疏密对比关系。经卷边上，刻有"成都府成都县龙池坊卞家印卖咒本"字样。可见，成都的私家刻印作坊在唐代已十分盛行。

1974年，西安郊区出土了《陀罗尼经咒》，此经用麻纸印刷，长27.6厘米，宽26厘米，中间是一块7厘米见方的空白方框，方框四周沿环形印有咒文，外面有三重双线，其间布满雕印的莲花、手印、法器、星座等图形。

1975年，西安西郊还出土了一件刻于唐玄宗时期的《佛说随求即得大自在陀罗尼神咒经》（图2.3），用麻纸印刷，是一幅长宽35厘米的正方形经卷。经卷中心的方格内绘有两人，一站一跪，人物以淡墨勾线后再施彩的方式绘制，这种形式是早期印刷美术作品印与绘相结合的创作手法。在经卷最外围用手印结契，手印线条圆润流畅，造型姿态各异。在内外图像中间环以咒文，每一边 18 行，整篇经卷图文安排疏密得当，是一件精美的印刷美术作品。

图 2.2　唐《陀罗尼经咒》，成都出土，藏于中国历史博物馆

图 2.3　唐《佛说随求即得大自在陀罗尼神咒经》，西安出土，藏于中国历史博物馆

　　唐末也有印制经卷。现藏于国家图书馆的一小册唐代《金刚经》，有残本 10 页，经末印有"西川过家真印本""丁卯年三月十二日八十四老人手写流传"等字样。法国巴黎图书馆藏《金刚经》，经末印有"天福八年（943）西川过家真印本"等字样。从经卷的文字中可知，它们都是在成都老书铺印制完成的。

　　除了印有大量图像与文字相结合的经卷，唐代还有单纯的佛像印刷品。陕西宝鸡青铜器博物馆中，收藏有唐文宗大和八年（834）铸的千佛像铜印版（图 2.4）则是专门印制佛像的图版，该铜印版重达 455.8 克，长 14.8 厘米，宽 11.5 厘米，厚 0.7 厘米。它的出土证明唐朝印刷美术作品的印版除了流行的木板外，还有经久耐用的铜板。在版面的正中有三尊主佛像，四周安排 9 层 105 尊小佛像。版的背面弓形把手上刻有《金刚寿命真言》和发愿文，还有明确的时间记载"大和八年四月十八日，为任家铸造佛印，永为供养"。佛像铜版就是为了印刷大量佛像而制的模板，其外形正是沿袭了石器时代在陶器上印制花纹的陶拍。它在印制时是采用捺印方法印刷佛像。除了铜版以外，僧侣们还用刀将一尊或几尊佛像刻在一块木板上，佛像线条简洁，形象很少有变化，然后将木板上雕刻的佛像捺印在纸上，再用于佛事活动中。捺印过程中，佛像被反复地按捺，我们可以想象到佛教信徒的执着与憧憬，去感受那种朴素、凄凉中伴随着希冀的美。在敦煌藏经洞就出土了一批捺印在纸上的"千佛像"。（图2.5）作品中每一尊佛像单独捺印，与整版雕刻的佛像相比，印刷墨色往往深浅不一，佛像排列较为自由，画面气息古朴。

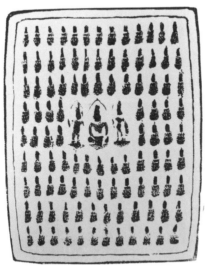

图2.4 唐铸佛像铜印版拓片，陕西宝鸡出土　图2.5 唐代捺印佛像

在敦煌藏经洞中，有一件现藏于英国不列颠图书馆中的《故圆鉴大师二十四孝押座文》（有学者认为这件作品刻印于五代时期）（图2.6），全文55行，长150厘米，宽20.1厘米，全篇为七言韵文，每行上下两句，上下之间有空行。文字是寺院中俗讲的内容，就是将民间传说、历史故事和宣扬佛教结合起来的通俗易懂的佛教宣传形式。二十四孝是百姓熟知的内容，属于儒家思想的产物，与佛教结合后，有利于宣扬佛教思想。作品中的字体端庄厚重，刀法剔透，是这一时期较高水平的印刷美术作品。

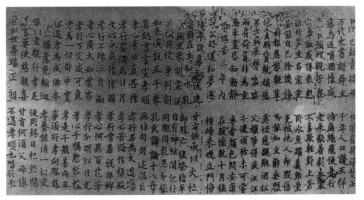

图2.6　《故圆鉴大师二十四孝押座文》，敦煌藏经洞出土

除了木版刻印之外，漏版印刷也是较早出现的印刷美术方式。漏版印刷有型版漏印和刺孔漏印两类。型版漏印是指将有图案的板材，雕刻成镂空状态后，放在承印物上，用刮板或刷子施墨所印刷出来的作品。刺孔漏印是指在硬纸板或兽皮上绘图后，用针沿着线条刺孔，再将纸板放在承印物上印刷，使墨透过针孔在承印物上成像。在敦煌出土的佛像中，有运用纸质漏版印刷技术印制的佛像以及纸质漏版。（图2.7）在图2.7这幅作品的画面中左边佛像正面对观众，面目慈

祥盘腿端坐在莲花台上，左手放在左腿膝盖处，右手手心朝外举在胸前。画面右侧两尊佛面朝左边的佛像，神态虔诚，盘腿坐在莲花台上。作品中线条的粗细、深浅、虚实变化让画面的内容有了丰富的层次感。这种漏版印刷形式在唐代的使用已经十分普遍。

图 2.7　敦煌发现的纸质针孔漏版及漏印的图像

## 第二节　五代经卷版画

隋唐时期大量的实践经验，为五代时期的雕版印刷美术作品提供了充分的技术支持。有的佛教在中国迅速发展，佛教徒认为印制佛经、佛像是大功德，还有佛教徒将佛经、佛像请回家供奉，因此佛经、佛像、塔图咒语等，在此时期印制的需求数量空前巨大，印刷美术在这样的背景下其艺术形式展现出多样化趋势。

## 一、单幅佛画

五代时期出现了许多独幅雕版佛画。如出土于敦煌藏经洞的《大圣毗沙门天王像》（图2.8），刻于五代开运四年（947），长39.4厘米，宽25.5厘米，构图采用上图下文的形式。艺术家用稳健工整的线条刻画人物，大圣毗沙门头戴毗卢宝冠，腰挂弯刀，身着甲胄，飘带潇洒流畅，站在从地上露出半身的地神双手上，形象十分威武。在画面左上角刻有竖长方形，长方形框里刻有"大圣毗沙门天王"几个字。图下是发愿文，文字用竖线栏隔开，文中最后有"谯郡曹元忠请匠人雕此印版。于时大晋开运四年丁未岁七月十五日记"字样，记载了发愿人的名字和刊刻的时间。

与《大圣毗沙门天王像》风格相近的还有出土于敦煌藏经洞的《大慈大悲救苦观世音菩萨像》（图2.9），这幅版画采用竖构图，上图下文的形式。画面中一位肃穆慈祥的观世音菩萨站立在莲花座上，右手拿莲

图2.8 《大圣毗沙门天王像》，敦煌出土，刻印于947年

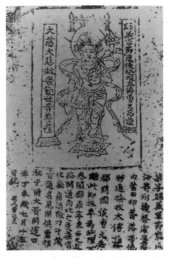

图2.9 《大慈大悲救苦观世音菩萨像》，敦煌出土，刻印于947年

图 2.10 《四十八愿阿弥陀佛像》

图 2.11 《千手千眼观音菩萨》，敦煌出土

花，左手提着宝瓶，身着紧身衣，飘带自然而流畅地垂动着，绕过她的左右双肩，菩萨头部后面有项光。观音像的两旁，写有两行标题"大慈大悲救苦观世音菩萨""归义军节度使检校太傅曹元忠造"，下面文字"……时大晋开运四年丁未岁七月十五日记，匠人雷延美"。皆是楷书题记，在版画四周雕刻花纹做装饰。题记中记录了组织刻印佛像的是曹元忠，刊刻时间为吴越开运四年（947）七月十五日，刻版工匠是雷延美。在中国印刷美术史上，这是第一次将刻工名字记录下来。

刻于五代的《四十八愿阿弥陀佛像》（图 2.10），也是上图下文的竖构图形式。画面中结跏趺坐在莲花座上，两手做定印状，手掌中托有莲花台，表示指引众生往极乐世界。佛像表情安详，佛光炽热。线条劲健有力，刀法简洁明快，充满生命的动感，引发人们顶礼膜拜。

佛像版画《千手千眼观音菩萨》（图 2.11），几近于方形构图，画面中央千手千眼观音菩萨端坐于莲花座上，

中国印刷美术史

千条手臂从臂膀向四周辐射，形成圆形。在观音佛像的四周，刻有数十尊诸天菩萨。版画四周留有边框，使整个画面饱满充实且错落有致。这幅作品成为中国佛教版画史上第一幅千手千眼的密宗菩萨版画造型。还有《释迦牟尼说法图》，释迦牟尼盘腿坐于讲经台上，面目神态怡然，右手抬起指向众徒，左手自然地放在腿上。在释迦牟尼右侧，诸佛神情专注地在听讲。

五代刻本《大圣文殊师利菩萨像》（图2.12），作品长26.8厘米，宽15.8厘米，四周刻有双边。此印品分为上下两栏，上栏是文殊师利菩萨右手持如意，骑在雄狮上，菩萨头戴宝冠，圆光正炽火焰晃动，仪态安详。菩萨右侧是合掌的善财童子，左侧驯狮人手持狮子的缰锁。周围空间以回云花朵做装饰，左右两侧刻有幡幢形的标题。下栏是愿文和佛经咒语。

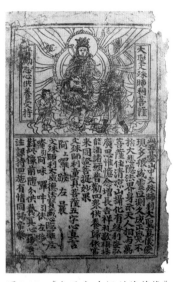

图2.12 《大圣文殊师利菩萨像》，敦煌出土

《大圣地藏菩萨像》与《大圣文殊师利菩萨像》版面形制相似，作品分为上下两栏，采用上图下文的构图模式。上栏刻有端坐在莲花座上的佛像，佛像身后有多层背光环绕，两边有幡幢式标题，下栏是发愿文。这些版画多为独幅版画形式，但这些印刷美术作品为宋代版画奠定了基础。

出自敦煌藏经洞的独幅雕版印刷佛画，它们属于佛教供养挂图。这些作品大多是张幅狭小，构图模式多是上图下文，其中图像刻画得比较粗率，不够精致，往往在印制后再敷彩。

另外，僧人还用单幅佛画到处张贴以宣传佛教，信徒将其随身携带避祸消灾。例如《无量寿陀罗尼轮图》（图2.13），陀罗尼（咒语之意）轮，是一种日常随身携带的用以辟邪祈福的护身符。图中采用右图左文的形式，右图中间是佛像，四周由梵文咒语环绕，四角盛开四朵莲花，莲花外再书梵文。此单幅版刻佛画，刀法略显粗糙。

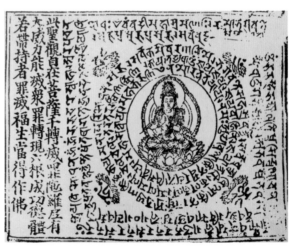

图2.13 《无量寿陀罗尼轮图》

还有，《千转陀罗尼轮》的版面构图与《无量寿陀罗尼轮图》相似。画面中观音正面跌坐拱手，头戴宝冠，头间圆光炙热。围绕圆形佛像是藏文千转陀罗尼观世音菩萨咒语，外层刻着陀罗尼经。在两种经咒中间的四个角上，分别画了莲花，在每朵莲花下面又书梵字。画面左侧有楷书题记三行："此圣观自在菩萨，千转灭罪陀罗尼，有大威力，能灭众罪，转现六根，成功德体。若带持者，罪灭福生，当得作佛。"这样的陀罗尼轮，在统治者的大力宣扬下，善男信女纷纷奉行。

独幅雕版佛画因制作尺幅较小，印刷工序较为简便，还要满足佛教信徒大量的需求，所以印刷数量较多，向我们展示了五代印刷美术的创作面貌，其上图下文的构图模式对书籍印刷中纂图互注形式产生了影响。

## 二、经卷扉页画、插图

除了敦煌藏经洞以外，吴越国等地也有许多佛像版画、经卷、咒图印制。五代时期，不断发展壮大的吴越国，因国王笃信佛教，积极修建佛寺、佛塔，并大量印制佛经。吴越国闻名东南一带的延寿和尚曾在西湖灵隐寺有较大规模的印经活动。他主持刻印的佛经有《法华经》《弥陀经》《观音经》《楞严经》《大悲咒》《佛顶咒》《法界心图》等，有的经印制多达数十万卷。这些经卷大多配有扉页画和插图。

1917 年，在浙江天宁寺内的石幢象鼻中发现《一切如来心秘密全身舍利宝箧印陀罗尼经》（图 2.14）两卷，两卷字体略有差异。其一卷，在卷首插图前写着"天下都元帅吴越国王钱弘俶印《宝箧印经》八万四千卷，在宝塔内供养。显德三年丙辰（956）岁记"。卷首插图中几组三三两两的菩萨在寺内，后有楼阁，再远处有起伏的山峦。插图后是经文，共 338 行，每行八九字。

　　1924 年，西湖雷峰塔（图 2.15）倒塌，在破碎的砖孔中发现了《宝箧陀罗尼经》（图 2.16）等几件刻印的佛经。这件《宝箧陀罗尼经》，长约 212 厘米，宽 4 厘米，卷首题记："天下兵马大元帅吴越国王钱俶造此经八万四千卷舍入西关砖塔，永充供养。乙亥八月日记。"在卷后是一幅扉页画，画的内容是吴越王妃黄氏拜佛的情景，画的四周有单边线框。

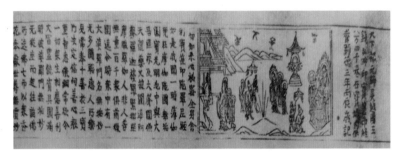

图 2.14　《一切如来心秘密全身舍利宝箧印陀罗尼经》，1917 年浙江天宁寺，吴越国王钱弘俶组织刻印于后周显德三年（956）

图 2.15　1900 年拍摄的西湖雷峰塔

图 2.16 《宝箧陀罗尼经》，吴越国王钱弘俶组织刻印于乙亥年（975）

1971 年，浙江绍兴出土了兴金涂塔一座，塔高 33 厘米。下面是四方形，上有四角。塔中发现了《宝箧陀罗尼经》（图 2.17），被放在 10 厘米长的竹筒内。在经卷的卷首题有"吴越国王钱俶敬造《宝箧印经》八万四千卷，永充供养。时乙丑岁记"。题记中乙丑年为宋太祖乾德三年即 965 年，在题记后安排有卷首插图，图中人物疏密和谐，线条明朗精美。插图后是经文，每行 10 ～ 11 字，文字用纯正均匀的墨色印在洁白的纸上，显得十分清晰。

图 2.17 《宝箧陀罗尼经》，1971 年浙江绍兴出土，北宋乾德三年（965）

以上三幅印刷美术作品，都是经卷扉画，它们虽然题材相同，但画面各具特色。这些作品使今天我们得以窥见此时期佛经、佛像印刷中的冰山一角。随着佛教在唐、五代时期的广泛传播，经卷、佛像被大量印刷。据记载，其印刷总数量多达 40 余万份，它们是这一时期印刷美术作品的主流。

## 第三节　多样化的印刷美术作品

随着雕版印刷技艺的成熟，印刷美术作品呈现出多样化的趋势。很多生活用品采用印刷技艺达到广泛的使用和传播，其中历书、纸牌、报纸、织物等载体上印有大量图像与文字。

### 一、历书

历书即"黄历"，据传是黄帝创制的历法，也被称为"民历""具注历""历日"。它以月亮圆缺间隔来划分四季、二十四节气。历书是百姓从事农耕生活中的必要参考书，应用十分普遍。具注历是指每日下面有吉凶宜否的注子，即每日十二时下，皆注有吉凶。

历书是唐代印刷品中的重要部类。敦煌发现了三件印本历书。

其一是现存最古老、最完整的印本历书，即敦煌发现的用麻纸印刷的《乾符四年（877）历书》（图 2.18），此历书是卷轴装裱，长 98 厘米，宽 24.8 厘米，上部是历法，下部是历注。内容记载日期、节气、阴阳五行、吉凶禁忌等内容。附有《六十甲子宫宿法》《推丁酉年五姓起造图》《十二相灾厄法图》《五姓安置门户井灶图》《推十干得病日法图》《一切符咒》等。

其二是《中和二年具注历》，刻于唐僖宗中和二年（882），是剑南西川成都府樊赏家雕印的，这件历书字体凝重端庄，刻制的刀法老练，已经具备了较高的印制水平。历上还有"推男女九曜星"图的文字，由于残破，我们已经无缘见到此图。

其三是现藏于英国伦敦不列颠图书馆的《上都东市大刁家具注历》（图2.19），此历书中存有八门图中的火门、木门、风门、金门等方位。

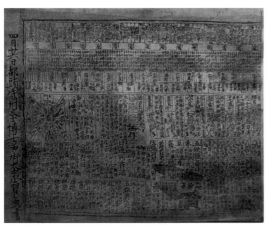

图2.18 《乾符四年（877）历书》

图2.19 《上都东市大刁家具注历》

除了敦煌藏经洞以外，日本僧人宗叡曾带回《七曜二十八宿历》一卷。

这些历书的图版，都是民间作坊刻印制作，而且是为了满足广大百姓的农耕与日常生活的需要，其风格简洁，朴实健康，图文并茂，它们是唐代雕版重要的印刷美术资料。

## 二、纸牌

纸牌在中国古代称为"叶子格"或"叶格"。叶子格作为一种游戏，也被称为"叶子戏"，宋代欧阳修《归田录》中记载："叶子格者自唐中世以后有之。"宋王辟之绍圣二年作《渑水燕谈录》中记载禅师制叶子格进献给唐太宗，可见，叶子格早在唐太宗时就已盛行。叶子格游戏在宋代更为普遍，叶子格游戏的盛行，带动了叶子格印刷的发展，印刷的样式也更为丰富。目前我们可以看到的纸牌实物，是在新疆吐鲁番发现的明初（大约 1400 年）管贺木凫造纸牌，纸牌为狭长条，纸片中间用简单的直线和曲线画出稚拙的人像，人像外面配有粗的框线。

## 三、报纸

　　唐代出现了世界上最早的报纸，孙毓修在《中国雕版源流考》中提及，江陵杨氏藏《开元杂报》七页，并认为是唐代雕本，还详细描述了报纸的内容："页十三行，每行十五字，字如大钱，有边线界栏，而无中缝，犹唐人写本款式。"这份报纸载："二月甲戌，皇帝自东封还，赏赐有差。丙子，上躬耕于兴庆宫侧，尽三百步。""上幸凤泉汤，上幸骊山温泉，及命将讨奚契丹。"《开元杂报》比欧洲最早的报纸早约九百年。

## 四、漏版织物

　　漏版印刷也是人类最早运用的印刷方式之一。唐代在印刷时已经普遍使用。漏版印刷分为型版漏印和刺孔漏印。

　　型版漏印技艺早在春秋时期就已经被使用在布上印制花纹了。1978 年至 1979 年间，江西省贵溪市鱼塘仙岩崖墓中发现了印花布和两块楔形的刮浆版，花布是在深棕色麻布上印刷了银白色的花纹，这个花纹就是型版漏印技艺印制的。另外，还在长沙马王堆西汉墓中出土的两件印花纱中，有一件印花敷彩纱（图 2.20），就是用漏版印刷的方法先印底纹，再以手工图色彩。它是我们现知的最早的漏版印实物。

在织物印刷技术中，夹缬印刷也很流行。夹缬印刷就是把两块筛罗版相对夹合，将织物夹在中间，然后依次移动印花版，就可以印精美的花纹。在宫廷服饰上，大多采用这样的印刷技术。

这一时期还出现了"纸模花版"，是在桐油浸渍过的纸上雕刻花纹，使版变得更加轻薄了，印染时也更加方便，花纹更加细致精美。

为了满足百姓生活需求创作的印刷美术作品，补充并丰富了中国美术史的内容。

图 2.20　西汉印花敷彩纱

唐代诗人辈出，文学成就卓著。再有唐代楷书的成熟，使文字易写易刻。文学与文字的巨大成就，直接促进了刻书业的发展。刻书也成为唐代印刷美术作品的主要内容。

# 第四节　唐、五代刻书

## 一、唐代刻书

唐代刻书遍布各地，京城长安、洛阳、扬州、江东、江西、益州、成都等地，刻书都比较发达。有据可考的印书铺，京城有长安李家、长安东市大刁家；成都印书铺，有西川过家、龙池坊卞家、成都府樊赏家等。

刻书的内容首先是儒家典籍。在唐高宗时，曾刊刻印发了孔颖达《五经正义》。金城公主出嫁吐蕃时，她带去了许多唐代刊刻的儒家经典典籍。

现存于西安碑林的《开成石经》（或称《唐石经》），是在太和九年（835）开始刊刻。

除了儒家典籍之外，道家著作在唐代也有刊刻。唐代范摅《云溪友议》卷下有记载云："纥干尚书臬，苦求龙虎之丹十五余稔。及镇江右，乃大延方术之士作《刘弘传》，雕印数千本，以寄中朝及四海精心烧炼之者。"可见，《刘弘传》是道家炼丹之书，此著作就是在宣宗时期雕刻印制的。

唐代印书的品种十分丰富，各类生活用书、行为规范用书也有很多。

中国封建社会对妇女修养行为有许多规范。《女则》就是长孙皇后在采录古代妇女得失事件编录而成的。《女则》共十篇，《旧唐书·经籍志》作《女则要录》。

最早印本的医书，有长安东市李家印《灸经》。

另外，百姓需要的历书、字书、小学、诗歌集，以及阴阳杂记、占梦、相宅、九宫五纬等杂书，也有大量的刊刻印刷。

## 二、五代刻书

五代刻书地点有开封、杭州、成都、江宁、青州、沙洲等地。五代时期，刻本中经、史、子、集的刻制印刷都已齐备。

其中，冯道主持雕刻了儒家经典总集《九经》，是政府组织的一项大规模刻书工程，为的是校正经典文字、弘扬儒家学说。它的刊刻经历了从唐到五代的过程，是根据《唐石经》，又加上注文，从而成为经注合刻本。自此，经书有了统一的标准。它实际上是有十二经：《易经》《书经》《诗经》《孝经》《论语》《尔雅》以及《三礼》（《周礼》《仪礼》《礼记》）、《春秋三传》（《左传》《公羊》《穀梁》）。同时刊刻的还有《五经文字》和《九经字样》两书共六十五万二千五十二字。参与这次刻书活动的有冯道、李愚、田敏、马缟、陈观、路航等文人。

《九经》的刊刻标志着我国文字传播方式进入一个新的阶段，从此产生了政府刻书事业，同时还开辟了雕印儒家经典的先河。《九经》的刊刻对后世产生了深远的影响。

敦煌还发现历五代细字小版的《大唐刊谬补阙切韵》《唐韵》等。毋昭裔是五代后蜀宰相，他是古代最早有名姓记载的"家刻"或"私刻"，而私刻早在唐末就已十分盛行。毋昭裔曾自己出资刊印了类书唐徐坚《初学记》、白居易《白氏六帖》《文选》等书。他还刊印了《九经》，以及《史记》《汉书》等史书。

五代时期的南唐刊刻了唐代刘知几的史学评论著作《史通》，成为刘氏著作的第一个印本。

五代北齐时期，颜之推的《颜氏家训》开启了后世"家训"的先河，是古代家庭教育的重要理论。《颜氏家训》在此时出现了印本。

有关法律书的最早印本，也是出现在五代。在青州印卖的《王公判事》，就是打官司的判案，是目前已知有关法律书的最早印本。道家经典《道德经》在此时出现了多个印本。后晋高祖石敬瑭，

在天福五年（940）命道士张荐明雕刻印版，命学士和凝撰写新序，重新刊刻了《道德经》，在全国颁行。还有，杜光庭的《道德真经广圣义》在五代有前蜀刻本。最早将《道德经》译成外文的是唐玄奘译

的印度梵文译本，后来被法国汉学家茹莲等人翻译成欧洲文字本。

五代时期的文人，将自己写的文学作品刊刻印发。

五代眉州青神人陈咏是我国有史记载的最早自己刻自己文集的文人之一。青州人和凝自己出资刻印自己的著作《和凝集》，他亲自书写模板，并雇佣刻工刻印。福建人徐寅是位大文学家，他的著作《斩蛇剑赋》《人生几何赋》，也是在此时刻印的。贯休的著作《禅月集》刊刻。被刊刻印发的还有《韩集》（保大本）和《何水部集》（天福本），《韩集》是唐代文学家《韩昌黎集》的第一个印本。《何水部集》是梁何逊的作品集。

五代时期刊印的文选作品，有《文选》和《玉台新咏》，它们都是首次刊印。其中，总集类的是梁昭明太子萧统编的《文选》，这本文选印发后对日本产生了很大的影响。日本人曾称："本朝无不读此书。"而陈徐陵的《玉台新咏》则收录了梁以前的诗。

总之，唐、五代时期的印刷美术作品以佛经、佛像为主体，旁及诗文集、历书、韵书、子书等内容，为人类遗留下灿烂的印刷美术遗产。这些创作为宋、金、元时代的印刷美术的发展奠定了坚实的基础。

第四章

宋代印刷美术

## 第一节　宋代印刷美术概况

宋代（960—1279）是中国封建社会时期继唐朝之后又一繁荣昌盛的时代。虽然在政治、军事等方面，宋王朝呈现"积弱"的态势，但在文化和经济等领域，都出现了空前的繁荣景象。在文化方面，以儒、释、道相结合而形成了封建社会后期影响最大的新儒学；以宋词为代表的文学创作以及以绘画为代表的艺术创作更是佳作迭出、名家荟萃、光照千古；在史学方面，诞生了一批以《资治通鉴》为代表的鸿篇巨制；在经济方面，宋代的农业、商业、手工业非常发达，特别是城市的兴起与繁荣，为以自然经济为主导的封建社会增添了新的活力与生机。宋代经济繁荣一个重要标志就是手工业的繁荣，如造船业的发达和指南针的广泛使用，兵器制造业的进步和火药的应用，制瓷、纺织、矿冶等行业的快速发展，特别是印刷业的发展和活字印刷术的发明，为宋代印刷美术做出了巨大的贡献。

宋朝政府建立了集贤馆、史馆、昭文馆等机构，专门从事对历代典籍的收集、整理及印刷出版工作；从宋朝中央政权到社会民间，形成了庞大的官刻、坊刻、私刻的印刷网络，印刷工场遍及全国各地，形成了以浙江、福建、四川为中心的印刷龙头区域。在印刷内容上，儒、释、道及诸子百家作品均有涉猎，印刷技术也日趋完善，并发明了套色印刷术等重要印刷技术，催生版画印刷、年画印刷等印刷品种的快速发展。可以说，在宋代，由于中央政权的提倡与支持，社会民间的广泛参与和实践，使宋代印刷美术有了一个良好的发展环境，形成了一个庞大的印刷群体，其印刷美术品数量、质量、品种都达到了印刷发展前所未有的高度，为后世印刷美术的发展奠定了扎实的文化基础和技术保障。

随着宋代印刷技术的成熟，社会和民众对印刷业提出更高的要求与期许，而印刷美术行业为了适应社会需求，不断对印刷美术品种和质量提出更高的要求与标准。以阅读和欣赏为主的印刷产品，仅是黑白印刷已经不能满足人民群众的需求，人们期待更加丰富多彩的印刷产品。在这种大环境下，印刷美术得到了快速的成长与发展。为适应社会需求和印刷行业发展，出现了木版年画、书籍插图、画像印刷等多种形式的印刷美术产品，为广大民众提供了丰富多彩印刷产品。色彩的印刷是印刷美术发展、完善的至关重要的环节与保障。

宋代套色印刷技艺的发明与应用，为印刷美术的成长与完善提供强有力的技术支撑，为印刷美术的繁荣与发展注入强大的活力。朱仙镇年画在套色印刷时采用了一种独特的镂版印刷技法，正是这种印刷技艺的支撑与保障，使得木版年画不仅印刷数量巨大，还能较好地呈现和还原出年画绘稿者的艺术追求和艺术效果，因此受到了广大劳动群众的喜爱和欢迎。

宋代日益成熟的印刷技艺对印刷美术发展的支持还表现在书籍插图、人物画像印刷等多个方面。宋代长期以来，采取的是一种"守内虚外、重文抑武"的政策。这种国策，也造就了宋代重视文化的时代风尚和历史环境，使宋代的文学艺术得到了空前的繁荣与发展，尤其对绘画艺术，中央政权的统治者大力提倡，并亲自实践。宋徽宗赵佶，虽治理国家无方，但对书画艺术却情有独钟，且技艺精湛。

他曾用 3 年时间，临摹了宫中所藏自汉以来 17 位画家名作，每一件作品达到以假乱真的程度才肯罢休。在他的倡导下，编撰了《宣和画谱》，为绘画史保存了大量的珍贵资料。宋代为了培养绘画人才，专门成立了绘画专科学校——画学，每年举办一次全国性的招生考试。对画家无论是从政治还是经济，都给予了极高的待遇。最高统治者的支持与倡导，对绘画艺术的繁荣发展起到了极大的推动作用。宋朝时期，曾涌现出了许多著名画家，形成了不同风格的绘画流派。仅《宣和画谱》中，宋代绘画名家就有百人之多，收录作品 3300 余件，含山水画、花鸟画、人物画等多个门类。宋代绘画名家中，出于帝王家庭的就有 11 位，画史有 623 人。著名画家为士大夫者，就有李源等 25 人；为高人逸士者，有范宽等 8 人。《画史汇传》在宋代社会形成了一支庞大的绘画群体，使绘画艺术在全社会蔚然成风，争相趋之。最高统治者还有将其作品改为木版印刷品分赐众人的做法。据《图画见闻志》记载，宋仁宗赵祯善于丹青，他曾将自己的绘画作品"画龙树菩萨，命待诏传模镂板印施"。虽然宋代专业画家制版印刷的绘画作品由于战乱及年代久远，传世极少，但文献记载表明，宋时期，由于印刷技艺的成熟与完善，已达到将名家绘画作品制成雕版印刷品的水平，也证明已有名画家进入印刷美术的领域之中。

宋代最高统治政权对绘画艺术的大力支持与倡导，造就了宋代绘画艺术繁荣昌盛的空间与环境，而这种良好的社会氛围，也极大地影响了印刷美术的发展与进步。其影响与作用最明显的标志就是为印刷美术领域提供了大量的人才储备。印刷美术人才的扩展又为印刷美术产品的数量与质量提供了坚实的基础与保障。

宋代介入印刷美术领域的人员大致可分为三种：一是专业画师。虽然从文献记载和作品遗存方面此类印刷作品并不多见，仅有个别画师的作品被雕版印刷，但他们的作用和影响在于，为庞大的印刷美术从业者提供了较高的艺术审美观念和绘画技术技巧。专业画师以个体创作为主，主要对象是小众审美人群，而印刷美术从业者由于印刷美术产品的特质，需要面对社会广大民众，虽然面对的审美对象有差异，但专业画师的专业素养与绘画技巧，无疑会对民间画师及印刷美术从业人员带来一定的影响与借鉴。

二是民间画师。能够进入国家画院或帝王视野的绘画者毕竟是少数人，宋代绘画人才呈金字塔状，民间充裕的后备人才为专业画师登顶奠定了根基。大量民间画师中，不乏画界高手。他们中间的一部分人，较为广泛地介入印刷美术的创作之中，为各种印刷美术品提供画稿。

三是专业印刷美术从业者。在宋代，由于专业印刷群体的出现与形成，不少大型的印刷作坊拥有专业的雕刻工匠，他们不仅拥有精湛熟练的刻工技艺，还对书法绘画艺术颇具造诣。在逼真生动地将绘画作品雕刻制版的同时，他们往往还肩负着创作印刷美术作品的任务。民间画师和专业印刷美术从业者正是宋代印刷美术领域的骨干和中坚力量。

宋代民间画师人数众多，但是资料文献并无确切记载究竟有多少画师参与到印刷美术的作品创作中来。宋代刻工人数印刷史专家颇有研究。日本著名版本目录学者长泽规矩也根据日本所藏宋版书查出宋代刻工姓名约 1300 多人，我国著名印刷史学者张秀民先生根据国内所藏宋版书，认为宋刻工总数可考者近 3000 人，但这些刻工中，创作、制作印刷美术作品的人数及作品均无考证。究其原因，一是宋代印刷产品中，以书籍印刷为主，印刷美术作品只是一小部分，且在遗存的宋版书中，印本中缝常印有刻工姓名，而在书籍中美术作品常以

插图等形式配之，因此并无详细作者及刻工的名字出现。二是宋代印刷美术作品中，大量是以木版年画、人物画像等形式出现，而在这些作品中，绘稿者及雕刻者的姓名常被忽略不计。由于作者未具其名，很难判断是民间画师或印刷刻工之作，但它却证明了宋代印刷美术的整体水平已达到了一定的高度。

总体来说，宋代印刷美术从业者已达到了较高的水准，并创作、制作出了大量优秀的印刷美术作品，为时代和人民奉献出了宝贵的精神食粮。相对于专业画师来说，印刷美术从业者不仅需要较高的艺术修养，还要掌握雕刻的技艺，把艺术与技术融为一体，才能创作出更好的优秀印刷美术作品。遗憾的是，由于时代的局限及封建社会对手工艺的重视程度不够，加之印刷美术作品不署名的习俗，典籍中有名记载的印刷美术从业者极少，仅有画工高克明、陈升及刻工陈宁、孙佑等寥寥数人。

## 第二节　宋代版画

版画艺术是宋代印刷美术表现最重要的形式。主要原因是宋代刻书、印书十分盛行，成了一种社会风尚。仅刻书与印书的机构、工坊、学校、寺院等就有 12 种之多，形成了官刻、坊刻、私刻三大体系。

如中央统治政权有内务刻书、部院刻书、国子监刻书等；地方有学校刻书、官府刻书、各路使司刻书、公使库刻书、家庭及祠堂刻书、书院刻书、书坊刻书等。宋代刻书、印书地域广阔，参与者众多，产品数量巨大。在此背景下，书籍插图应运而生，发展迅速。虽然宋代书籍是以文字为主，但是书籍插图的发展，无疑为丰富书籍表现形式，增强书籍阅读效果，吸引读者阅读兴趣，起到了积极的推动作用。

宋代刻书内容广泛，涉及思想文化、文学艺术、科技医学等多个领域。因此，宋代书籍插图的内容也较为丰富。如儒家经典《易》《书》《周礼》《礼记》《春秋》《诗》，均配以插图，以通俗的形式刻印，受到了社会民众的广泛好评。黄松年等合编的《六经图》（图 3.1），于宋乾道年间刻成，此书是一部典型的宋刊插图书籍。全套书共 6 卷，图文并

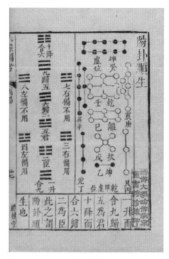

图 3.1　《六经图》

茂，共有插图 309 幅：其中《易》70 幅，《书》55 幅，《诗》47 幅，《周礼》65 幅，《礼记》43 幅，《春秋》29 幅。每幅图都有小标题和文字说明，或上图下文，或左图右文，不拘形式；构图大小相参，或全页为图，或双连页为图。图书以《周礼文物大全图》最为丰富，图书器物纹样多用大片黑地衬出字体、动物等形象，细腻生动，法度严谨，是宋代书籍插图具有典型意义的范本，可惜现已失传。

# 一、宗教印刷品

## （一）佛经扉页画

宋代宗教品印刷，在中国印刷史上有着重要的地位。宋代佛教书籍的印刷，得到了中央统治政权的大力支持。宋代建国不久，统治阶层就开始注重佛教的刻印与翻译，注重佛教典籍的收集与整理，并刻印出版了宋代影响最大的佛教大藏经——《开宝藏》

（图 3.2）。

《开宝藏》是我国历史上最早雕版印刷的佛经总集，总计刻版本有13万块，5000余卷。《开宝藏》印成之后，分藏于南北各大寺院，并作为国礼向周边国家，如日本、越南等国赠送。《开宝藏》中配有扉画，其中《佛说阿惟越致遮经》的扉画，画面构图丰满大气，山水错落，疏密得当，自然风光波澜壮阔，山峰叠嶂，森林密布，寺院人物隐匿其中，具有宋代山水画之神韵，加之雕刻技艺精湛，镌刻苍劲有力，技艺娴熟，层次丰富，使整幅图画呈现出大气磅礴、生机盎然的美好景象。画面右侧题有"解即祛烦恼"等一行字样，吻合了佛教中人与自然融合的关系。制作者汲取了中国山水画创作中的一些理念与技法，特别讲究布局构图，重视意境的营造。制作者并不拘泥于对客观自然景物逼真的摹写，而是采用散点透视的技法，重重悉见，使整体构图显示出一种气魄雄壮的艺术感觉。这幅宋代佛教经卷中最早的扉画作品，不仅体现了绘画者的艺术功力和设计水平，

图 3.2 《开宝藏》扉页画，宋刻

而且反映出印刷技艺的成熟和完善，对保障艺术构思表达的精确性与完整性，也开创了宋代佛教经典印刷中插配图画的先河。

《妙法莲华经》是大乘教的一部重要经典。《妙法莲华经》最初的扉画是在佛教经典中常见的释迦牟尼灵山说法图。

南宋，浙江临安贾官人经书铺刻本《妙法莲华经》扉画（图3.3）是一幅灵山说法图。释迦牟尼位于整幅画的中央，端坐莲花座上为众讲法。图画中人物多达五六十人，排列井然有序；人物神情庄严肃穆，凸显了佛祖至高无上的地位。在人物上方的方框内有人物名称，以标示人物身份。《妙法莲华经》的插图能明显感受到制作者工笔画的艺术功力。画法采用单线平涂，工整细致，周密不苟。其构图大而不乱，繁而不杂，人物安排得当，使插图充满了丰富的感染力。贾官人经书铺是南宋时杭州著名的书肆。图的左下角刻有"凌璋刁"。

南宋建安刻本《妙法莲华经》的扉画所绘的是净土变相，更像是一幅完整的图画。图中包含释迦牟尼说法、人间拜佛众生相、观世音菩萨南海现身等，通过流云、佛光、纹饰等细致的描绘，把佛国世

图3.3　《妙法莲华经》扉画，浙江临安贾官人经书铺刻

界梦幻地展示在我们眼前。这幅作品是建安佛教版刻中最早的遗存，图的右下角有"建安范生刊"字样。

北宋杭州雕印的《妙法莲华经》的扉画，将七卷内容表现在同一幅作品上。杭州钱家刊刻的《妙法莲华经》，每卷经文单独配有变相图，在扉画前标注"妙法莲华经变相第×"字样。

《崇宁藏》《圆觉藏》《碛砂藏》等经典佛经中都配有扉画，其绘画水准以及镌刻技艺都达到了相当高的程度，成为宋代印刷美术作品中不可多得的佳作。

北宋高邮军、吴守真雕版的《金刚般若波罗蜜经》（图3.4）是北宋有明确纪年的最早的扉画，记载为"雍熙二年六月三十日高邮军吴守真施刊"，刻工是台州张延陵、张延龚二人。

图3.4 《金刚般若波罗蜜经》插图，北宋高邮军、吴守真雕版，台州张延陵、张延龚刻

## （二）经卷插图

北宋期间江苏地区刻印的佛教经典《陀罗尼经》（图3.5）、《文殊指南图》（图3.6）均采用了连环插图的形式，这是雕版印书中较早出现的连环插图形式。一幅图版，分数段描写故事内容，通俗易

懂，这种以图寓教的连环插图的形式，对佛教在民众中的宣传起到了很好的作用。

总体来说，宋代佛教经典书籍中的扉页插图，形式多样，生动活泼，构图设计不拘一格，且绘画艺术水准高，雕刻技艺精湛，是宋代印刷美术品种中艺术与技艺相结合的佳品力作。它为佛教在民众中的传播、推广起到了很好的宣传效果。

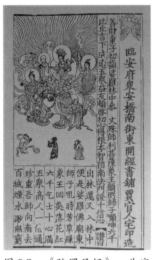

图 3.5　《陀罗尼经》，北宋太平兴国五年（980）刻印

图 3.6　《文殊指南图》，宋嘉定三年（1210），临安府贾官人宅刊本

## 二、书籍插图

### （一）文学类书籍插图

在文学艺术书籍的刻印方面，也屡有扉页插图点缀其中。如十卷历史故事丛书《三朝训鉴图》，内有高克明绘作的大量图画。

《平妖传》（图 3.7）则采用了上图下文的版式。文中插图人物形象生动，神情各异，雕刻工艺娴熟流畅，线条粗细错落，极具立体感。其插图构思精巧，结构疏密有致，人物形象栩栩如生，充分显示了宋代印刷美术从业者精湛的画技与纯熟的刻工。《平妖记》中的插图体现出作者对中国人物画创作的理解与运用。成熟于先秦时代的人物画，从开始单纯的"以形写神"，到宋代时已经逐步发展到不注重人体结构比例及活动规律，而片面追求"神似"的效果。但是，插图制作者则是将写实与传神融为一体，人物刻画栩栩如生，既注重人物体貌、精神刻画，又生动传神地用画面传递人物的心理变化，展示出制作者对人物画技巧的掌握与熟练运用。图画与文字互为补充，相映成趣，是一部图文并茂的印刷佳品。《列女传》（图3.8）的刊刻尤为精妙。南宋建安余氏刻本，插图123幅。每页为一传，每页先后为一图。以简略的线条勾勒人物形象，极为生动、形象。

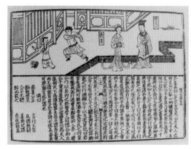 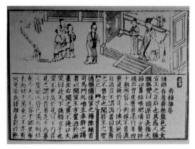

图3.7　《平妖记》　　　　图3.8　《列女传》插图，宋本，建安余氏刻

### （二）艺术类书籍插图

在印刷美术领域，《梅花喜神谱》（图3.9）无疑是值得关注的。

首先，它是我国历史上最早出现的画谱，它以大量的插图展现了梅花的各种姿态；其次，它的作者宋伯仁本身就是宋代较为有名的一位花鸟画家。花鸟画创作在唐宋开始繁荣，专攻花鸟画的画家众多，宋代更不乏花鸟画的创作画师。他笔下的梅花，虽形态各异，或含苞待放，或花蕾盛开，作者删繁就简，多画折枝，突出梅花最美的部分，其构图洗练洒脱，简练干净，通过梅花来抒发、寄托自己的思想情感与审美理想。书的版式以画为主，画侧配诗，上刻画题。该书共有上下两卷，此书现藏于上海博物馆。和一般意义绘画创作不同，印刷美术作品最终要通过雕刻后印刷才得以完成，这就对雕刻者有着较高的艺术素养要求和技术技巧要求。宋代刻工在对绘画作品的雕刻上，能够逼真地还原绘画作品的艺术风格与内容。尽管刻刀在表现手法与功能上不如毛笔绘画的自由度大，但是制作者在明暗关系上，在质感

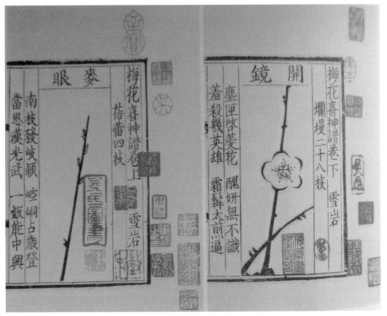

图 3.9　《梅花喜神谱》插图，宋景定二年（1261）

的处理上，仍然能用简洁有力的手法创造出准确、生动的艺术效果，表现出人物复杂的性格、思想、感情、行动，描绘多彩、壮丽的自然界的万事万物。在雕刻的处理上，特别讲究线条之美，或清晰精致，或粗犷有力，利用刀锋走线刻画的线条技法，使线条呈现出行云流水之通畅。

中国历史博物馆收藏的两块宋代雕版，一块刻有细花幔帐下，三位带冠妇人的半身像，下面有楷书两行；另一块刻有一位带冠妇人。两块雕版均未署绘画者及雕刻者之姓名，但从画稿分析，绘画者显然受到了宋代人物画创作的影响，并进行了艺术借鉴。其人物神态自然，表情细腻，结构布局合理，造型优美，加之刀刻技法娴熟，苍劲有力，堪称艺术与技术的完美结合。

### （三）其他

在其他领域的书籍刻印出版中，也配有大量插图。

李诫编撰绘制的《营造法式》一书中，就有大量的图画，记录了宋代营造修建等方面的样式，包括木作、雕刻、石作、瓦作、泥作等多个工艺制作方法，是建筑学的实用图书。书内的插图，被认为是世界现存最早的工程图谱版画。

程大昌编绘的《禹贡山川地理图》，共有 30 幅图画。据考证，此为世界上现存最早的有确切刊印年代的印刷地理册。杨辉著的《详解九章算法》，书中也有不少数学插图。

医学书籍中，插图数量最多。如《孙思邈灵芝草》《经史证类大观本草》及《铜人腧穴针灸图经》（图 3.10）等都有精湛插图。以实用性为目的的医书《铜人腧穴针灸图经》中的插图，作者也并非只是精确地描绘人体各个穴位的位置，而是将人物的神态表情及动作艺术地表现出来，从而产生了艺术性与实用性相交融的特点。

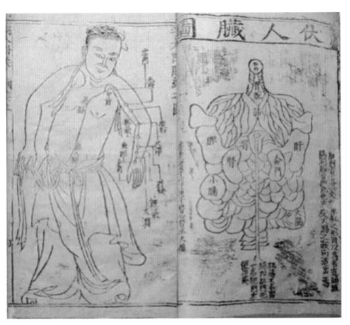

图 3.10　《铜人腧穴针灸图经》插图，宋刻

　　书籍插图在宋代是一个逐渐萌生并开始兴起的过程。在其作品完成的过程中，有着一定的局限性。首先，书籍插图在书籍印刷出版中仍处于从属地位。而这种角色的分工，也要求插图的创作者在绘画内容上，一定要与文字的内容相吻合、相匹配。这在一定程度上，制约了创作者自由发挥的空间和艺术想象力。"命题绘画"是书籍插图的特色，也给绘画者带上了一种无形的"枷锁"。其次，印刷作品最主要的工具是刻刀。相对于毛笔而言，刻刀的艺术表现在丰富性上逊于毛笔，这对绘画作品的艺术性表达带来了制约。最后，宋代书籍的印刷主要是文字的墨色。虽然宋代套色印刷技术已经被使用，但考虑到与书籍整体墨色格调相统一，宋代书籍插图中，多色的运用

很罕见,主要是采用单色墨色印刷。色彩的单一性,也影响了插图艺术的表现力。和宋代版画丰富的色彩表现相比,书籍插图的色彩就显得单调和薄弱。

尽管宋代书籍插图的创作和制作存在着种种束缚,但是宋代书籍插图仍然取得了明显的成就,并具有独特的艺术效果,为后世书籍插图的进一步发展与繁荣奠定了扎实的基础。书籍的出版主要是为有一定阅读能力的知识分子阶层提供服务的,特定的产品服务对象,使书籍插图的创作、制作都要符合这个阶层人的审美情趣和审美习惯。在书籍插图的绘画方面,制作者传承了隋唐五代以来的绘画方法,汲取了宋代绘画名家的创作技巧,结合书籍内容与雕刻技术,使书籍插图整体上体现出一种浓郁的艺术气息。在宋代书籍插图中,正是刻工对刻版艺术的掌握与理解,并充分利用刀刻这一特殊技艺,才能使书籍插图表现出其他绘画形式不可能达到的艺术效果,产生独特的审美特征。

## 第三节　木版年画

雕版套色印刷技艺是中国人在世界印刷史上的一项重要贡献,它的出现,使印刷技艺走上了一个新的台阶。雕版套色技艺广泛应用于纸币印刷、彩色插图印刷、书籍装帧印刷、木版年画中。木版年画是以绘稿、刻版、印刷为主要手段制作的,供广大群众在节庆时张贴于门户或室内的一种民间画,是绘画艺术与印刷技术有机结合的印刷美术产品。

宋代印刷美术作品是以版画的形式呈现给大众的。宋代版画形式多样，有木版年画、宗教品版画、广告版画等多种。版画印刷作品的特点是内容广泛，贴近生活，来自民间，且作品数量巨大，在社会上产生了广泛的影响力，深受民间大众的欢迎与喜爱。在宋代印刷美术的版画中，木版年画是最具影响力，最富有艺术感染力的重要品种。

宋代木版年画是印刷技术与年画艺术有机结合的产物。中国年画艺术源于门画。史料记载，东汉初期人们就有将画有神荼、郁垒的画张贴在门户的做法。此后，这种于岁末在门户上张贴门画的习俗作为一种民俗文化延续下来。以后逐步发展，门画不仅可以张贴在门户上，也可张贴在室内，年画也就成为民间大众最受欢迎的一种艺术形式。可以说，年画是中国民间美术最具代表性和最有中国特色的艺术形式。宋代由于印刷技艺的进步，木版年画应运而生并得到了快速发展。这种以绘稿、刻版、印刷为主要手段的年画，具有复制速度快、印刷数量大、价格低廉等特点，深受民众喜爱。这种社会需求也促进了木版年画的进一步发展。

和书籍插图不同，木版年画主要的服务对象是民间大众。因此，在内容和形式上，木版年画也形成了独有的艺术特色和制作方法。在木版年画的内容上，由于年画的功能和价值主要体现于民众在年文化中表达一种吉祥、祝福、祈祷、避邪的美好愿望与期盼，为了满足装点家居，增添节日喜庆气氛，美化节日环境的需要，木版年画在内容的选择上，题材更民间化、生活化和大众化，创作素材主要源于民间传说、民间故事及与人们生产生活息息相关的人物、事件。

由于年代久远，加之木版年画属于一次性消费，单张图使用后不易保存，以及中国历来对民间美术较为漠视，其重视程度远不如宫廷画、文人画等诸多因素，宋代保存至今的木版年画数量极少。但是，仍有大量文献典籍记录了木版年画的创作内容及艺术特色。宋人李嵩的《岁朝图》中描绘了当时的过年景象，其所绘家宅、大门有武门神，内室门有文门神。沈括的《梦溪笔谈》中："熙宁五年，上令画工摹拓镌版，印赐两府辅臣各一本，是岁除夜，遣入内供奉官梁楷就东西府给赐钟馗之像。"[①] 它记录了当时宫廷节庆时张贴年画的事实及年画的内容。宋孟元老的《东京梦华录》更是多处记载了宋代民间节庆时张贴年画的盛景。"近岁节，市井皆印卖门神、钟馗、桃板、桃符，及财门钝驴，回头鹿马，天行帖子。"宋吴自牧在《梦梁录》中也记载有宋代首都汴京（今河南开封）的年画销售情况。"纸马铺印钟馗、财马、回头马等馈于主顾。"宋周密在《武林旧事》中记载了南宋首都杭州年画的繁荣情景，"都下自十月以来，朝天门内外竞竞锦装新历，诸般大小门神、桃符、钟馗、狻猊、虎头及金彩缕花、春帖、幡胜之类，为市甚盛。"宋西湖老人在《繁胜录》记载："街市宽阔处有卖等身门神，金漆桃符板，钟馗、财门。"以上文献典籍中，充分证明了宋代木版年画的繁荣程度，年画内容也丰富多彩。

　　河南开封朱仙镇的年画制作在北宋就久负盛名，具有宋代木版年画的典型性与代表性。2005 年，开封朱仙镇木版年画就入选国家级首批非物质文化遗产名录。当地的民间艺人挖掘、恢复了宋代木版年画的制作工序，专家学者对其艺术特色做了较为系统的研究和整理。研究表明：开封朱仙镇年画题材广泛，大致可分为驱鬼避邪类、天地神祇类、祈福类、戏文故事类、神话传说类等，与其他地区年画的题材内容基本相同。在艺术特色上，朱仙镇木版年画构图饱满，左右对称；线条粗犷，粗细相间；形象夸张，幽默稚拙；色彩浓艳，乡土气息浓重。正如鲁迅先生所言，朱仙镇木刻画，朴实不染脂粉，

---

① 沈括著，胡道静校：《梦溪笔谈校正》，上海古籍出版社，第 986 ~ 987 页。

人物浸有媚态，色彩浓重，很有乡土味，具有北方年画独有的特色。实质上，朱仙镇木版年画的艺术特色，也是整个宋代木版年画的艺术特征的典型缩影。

"朱仙镇木版年画（图3.11）全部采用套色印刷，不加任何手工描绘。套色印刷是用已雕好的多个不同颜色的木版依次套印在纸上而成，每版一色。一般年画不超过五套版，大多用红、黄、绿、蓝、紫，虽然用色不多，但由于经过了精心的艺术处理，致使朱仙镇年画在色彩的表现上有以少胜多的特点……"①

《中国古代印刷工程技术史》中对宋代朱仙镇木版年画制作工艺有着较为详细的描述：朱仙镇木版年画工艺主要流程有制版、制颜料、选纸、画稿、刻版、印刷、晾晒等，其中又以颜料、画稿、制版、刷印等环节最为关键。色彩是朱仙镇木版年画的重要表现手段，其在颜色制作上非常讲究。原料多取自天然植物、中药材料和部分矿物质经过复杂的工序，精心熬制而成。印在以白纸为衬底的年画上，色彩纯正，色泽艳丽，沉稳古朴，贴在黑漆大门上显得鲜明亮丽。朱仙镇木版年画还具有不脱色、不褪色、防虫防蛀、防晒耐放及一年四季常看常新的特点。主要颜色有以煤黑或烟炱为主要原料的墨黑色，以槐树籽为原料的槐黄色，以苏木为原料的苏红色，以向日葵籽为原料的葵紫色，以黄铜粉加胶制成的金色等。选材的严格，色彩的丰富，为朱仙镇木版年画的色彩表现奠定了良好的基础。在画稿上，以民间艺人和刻工为主。由于他们长期生活在民间，对民间美术有着深刻的理解与实践。因此，在画稿时，无论是从内容还是形式，都更贴近生活，贴近民间，绘画出人民喜闻乐见，具有浓郁乡土气息和民俗风情的画

---

① 方晓阳，韩琦著：《中国古代印刷工程技术史》，山西教育出版社，第59页。

稿。在艺术处理上，朱仙镇木版年画有明显的特征：首先是以墨压包，以黑线为主，线条显得十分简洁有力。其次是色彩对比强烈，但色彩平衡感较好。因此在设计画稿时，既要注意色彩的明暗变化，又要在构图上处理好色彩平衡，力求达到构图丰满、线条清晰、色彩丰富的审美效果。在刻版上，刻工特别讲究线条的处理，要求能够反映出原画稿线条清晰明快、简洁流畅的特点。刷印是木版年画制作尤为关键的一环。和书籍插图单色印刷不同，木版年画全部采用套色印刷，其技术难度和标准质量要求很高。木版年画每版一色，一般不超过五套版，大多采用红、黄、绿、蓝、紫等色，对印刷程序有严格要求，先墨版，后色版，最后套金粉。第一版必须为墨版，包括黑色的主版与用于表现须发等细线的"二黑版"。第二版是色版，依次为红版、绿版、黄版、紫版，最为套金。配色的浓淡程度是"四重四轻"，即红、绿、黄、紫四色要重，桃红、泼墨宜轻。有时为了增强艺术性，还需要在神像人物的眼眸、胡须、服饰处加套水墨、金粉等色彩。

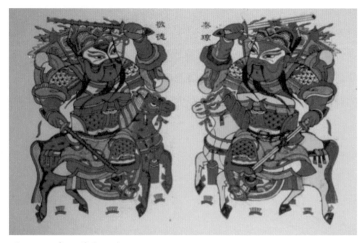

图 3.11 朱仙镇木版年画

严格复杂的工艺程序，使得朱仙镇木版年画保持了较高的艺术水准，也深受广大民众的喜爱。

## 第四节 印刷美术设计

### 一、书籍装帧

宋代印刷美术领域，在书籍装帧及字体设计等方面也做出了突出的贡献。在书籍装帧方面，宋版线装书是一大亮点。书籍装帧是一门古老的艺术形式，在印刷术尚未发明之前就已存在。它包括封面、封底设计，版式，装订等多项内容。它的主要功能是书籍形式上的美化，属于印刷美术设计学的研究范畴。宋代在书籍装帧方面以宋版线装书的出现最为瞩目。线装书在唐及五代时期已经出现，但由于当时印刷尚处在发展时期，其印刷数量与质量相对较低，所以书籍装帧的形式也处于初级阶段。宋代以后，随着印刷业的蓬勃发展，特别是书籍印刷量的巨大，也对书籍装帧提出了更高的要求。宋代书籍装帧，有蝴蝶装、包背装、线装等多种样式，但尤以线装书的艺术品位最高。

在书籍装帧形式中，线装书代表了"中国书"的整体气韵，体现了端庄、大气、雅致、内敛的"书卷之气"。线装书结构简洁，工艺精细、复杂，内容多为经史类著作。为了与厚重的文化内容相契合，线装书的封面多采用单色纸，色彩以黛绿、深蓝等传统深色为主，以突出厚重、质朴、大气的装帧风格。针眼设计以四眼为主，多至六眼，一般为双数。以线缀之，利用细线，将封面进行有规则的线条分割，使之既相互对应，又和谐共处的封面整体的美感。线装书籍，改变了过去包背装书"粘"得不穿的弊端，使书籍更加规整、结实、耐用。更重要的是，线以它丰富的文化内涵，丰富了书籍装帧的艺术形式。"线，天天都能看到，和人们的生活贴得那么近；线，又是那么单纯，虽细却包含着坚忍不拔、自强不息的精神，用它固定书，多么富有诗意和恰到好处。它的单纯充满着雅意，它的韧劲象征着和谐产生的力量。"[1] 因此，线装书无论是在功能上还是审美上，都是中国古代书籍装帧的集大成者。它是"中国古代书籍装订形式的最为进步、最为完美的形式。它把书中一切不和谐的因素均已淘汰，无论从版式到封面，从装订到书的结构，从纸张到整体设计，从中国传统审美文化的角度来审视，它至善至美，至高之雅，是历史发展过程中书籍技术功能和审美功能的完美结合。"[2]

书籍的装帧设计往往是一种指向性的意义关联，如对线要求洁白、柔韧，对书写纸和签、锦要求古雅、和谐，这些洁白、柔韧、古雅的"意象"，唤起与此"象"相关联的情操和深刻的思想。可以说，装帧本身已不再仅仅是赋予书籍一种形式，它已成为中国古代文人雅士的一种人格之美的具象反映和表述，上升到审美化的人生境界。它与中国文人的精神世界密切相连，息息相关，成为中国古代文人传递思想，表达精神的一个重要的载体和媒介。

宋版线装书是民族性与时代性结合，创造、传承经典的范围。宋代文化的繁荣和发展是中国封建社会的一个高峰。在"崇文抑武"的政策下，形成了一支队伍庞大的知识分子阶层，并在社会中起到了

---

① 杨永德,蒋洁著:《中国书籍装帧4000年艺术史》,中国青年出版社,2013年12月,第222页。

② 杨永德,蒋洁著:《中国书籍装帧4000年艺术史》,中国青年出版社,2013年12月,第227页。

重要的主导作用。宋代美学思想已趋于成熟，它以儒、释、道的哲学观点和认识方法来研究美的本质和审美规律，把主观的审美经验和意境情感放在了美学的主导地位。宋代崇尚自然，提出了韵趣、意境等审美理想，崇尚"天人合一""道法自然"的主流审美情趣，倡导"返璞归真"的审美追求，这些对宋代印刷业的审美倾向产生了重大的影响，特别是在书籍印刷方面，它的主要阅读对象是知识分子阶层。因而，在书籍形式方面必须契合知识分子的审美需求。而且，宋代的印刷技术有了明显提高，被广泛用于印刷书籍。国子监刻印的书，后世称为监本。各地官府也刻印书籍，书院、家塾也印书。民营的书坊、书肆、书籍铺，分布更广，刻书、卖书成为世业。民营书坊刻印的书，后世称为坊本。北宋初，成都刻《大藏经》13万版，国子监刻经史10多万版，从这两个数字可以看出当时印刷业规模之大。线装书就是在这种文化背景和技术背景下应运而生。

　　现藏于英国不列颠图书馆的《金刚般若波罗蜜经》，就是较为典型的北宋初年的线装书实物。该书为粗麻纸双面书写，有边栏界行，其装帧形式为：在书的右边沿书脊穿三个孔，用两股拧成的丝线绳横索书脊，并沿书脊竖穿，最后在中间孔处打蝴蝶结。从宋初至宋末300余年的历史发展中，线装书的工艺也较之唐、五代时期的相对原始与简陋有了发展与进步。线装书作为中国古代书籍装帧形态的最后一种形式，它克服了包背装纸捻易于损坏等缺陷，有着较强的实用效果，但其最大的优势在于它的艺术品位和文化内涵的表现。线装书的整体美术设计追求一种"雅"的韵味，有着浓郁的书卷气息，适应了宋代知识分子阶层追求清雅古朴之美的时代风尚。宋代后期，线装书的装帧形式虽未达到广泛普及阶段，但是其技术水准和艺术表现形式已经达到了一个相当高的境界。它展示出深厚的文化内涵，表现出高雅精致的艺术品位，对后世影响很大，为线装书在明清时期的流行奠定了扎实的基础。线装书的装帧艺术，不仅是中国印刷美术领域中富有中国传统文化特色的艺术硕果，也是世界书籍装帧艺术百花园中一朵娇艳的奇葩。

## 二、字体设计

在字体的设计方面，宋代印刷美术领域突出的成果就是宋字印刷体的出现与使用。中国书法艺术源远流长，特别是毛笔及纸张的发明与使用，使中国书法艺术呈现出百花齐放、繁荣昌盛的大好局面。宋代以前，便有甲骨文、篆书、隶书、草书、行书、楷书等书法形式出现，其中不乏书法大家。至宋代，书法艺术已经处于鼎盛时期，涌现出一大批擅于各种书体的书法大家。宋代雕刻艺人最大的贡献就是汲取和借鉴了书法艺术的精髓，结合印刷技术的特点和雕刻工艺的优势，创造出一种新的适合印刷领域使用的"宋体字"。这种字体在表现形式上，呈现出规范、醒目、易读、易刻且富有文字美感的品质和特性。宋体字的出现与使用，不仅为宋代印刷美术的发展提供了有力的保障和支持，也为后世印刷字体的美化提供了宝贵的经验。

宋体字的发明与使用是宋代刻工在宋代印刷美术领域所做出的巨大贡献。宋代印刷业的繁荣发达，催生了专业写版群体和专业刻印工匠的形成与发展，并产生了刻工家族这一传承性极强的团体，他们为宋代印刷业的繁荣发展奠定了扎实的人才储备与基础。这些人一般被称之为"书手"或"写匠"。他们是中国印刷字体变革、美化的主体，也是将书法艺术与印刷技术有机结合的践行者。在官刻书中，为了保证书体的美观，官方请一些有较深书法造诣的书法名家来承担写版及监督刻版任务。而在以经营为目的的书坊，则采取请有一定书法基础的人员与刻工相结合的写版刻版模式，使写与刻能够有机和谐地结合在一起。这些写手，由于对印刷技术，特别对雕刻技艺有一定的理解与掌握，所以在写版时，字体就会有意或无意地进行简化，以适应雕刻技艺的需求。如书法用笔中的起承转合等技法，在刻版的过程中不会那么清晰地复原出来，书法艺术中一波三折、粗细徐疾等变化，也被弱化。因此，在印刷字体中，宋代刻工更喜爱采用一些简约平直笔画的字体，雕刻起来速度快，可以大大提高刻版效率。宋体字的创造与使用，迎合了这一印刷技术的需求。在吸收、借鉴历代书法名家的艺术风格和表现手法的基础上，以书手或写匠联合刻工，就创造出了这样一种可以有效提高刊刻速度，又不失文字美感的宋体印刷专用刻版字体。宋代字体的出现，增强了文字的艺术感染力，适应了读者的阅读欣赏需求，提高了印刷工作效率，并为后世印刷字体的简约和美化做出了先导性的工作，是宋代印刷美术领域不可多得的一大发明。（图 3.12）

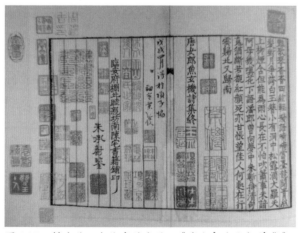

图 3.12　楷宋体、宋体字的发端，《唐女郎鱼玄机诗集》，南宋杭州陈宅书籍铺刻印

### 三、纸币

纸币的主要功能是以货币符号的形式出现，在商品领域进行流通与支付。宋代的"交子"（图3.13）是中国出现最早的纸币。纸币的功能虽然是使用价值，但其设计与印刷中，却体现出了印刷美术的强大力量。

北宋期间在益州发行的"交子"，整体设计严谨，构图清晰，并设计两方官印，一为"益州交子务"，一为"益州观察使"。此设计构思一直延续至今，与当今人民币上的"中国人民银行"和"行

图 3.13　交子

长之印"有异曲同工之妙，体现出印刷美术设计者的良苦用心和艺术设想。另外，在印章色彩上，采用了套色印刷技艺，以朱色为印章色。这不仅加强了纸币的防伪效果，并且使纸币更加美观，具备了实用性与艺术性相结合的特质。

第五章

西夏、辽、金的印刷美术

## 第一节　辽、西夏、金的印刷美术概况

　　自公元960年宋朝建立后的300余年的历史中，在宋朝统治期间，先后诞生过辽、西夏、金三个独立的王朝与之分庭抗礼，互相攻伐，直接导致了北宋的灭亡和南宋的偏安一隅。辽代自公元907年由契丹人耶律阿保机称帝建国，到1125年宋金联合攻陷都城燕京宣告灭亡，共历时219年。辽代领土幅员辽阔，政治制度为双轨制，极有特色。中央设置南北两官，南面官用"汉制"，以统治汉人为主；北面官用"国制"，以统治契丹人和其他少数民族。因此，辽与宋虽互相对抗，但文化及经济的融合度很高。金代是由女真人建立的政权，从公元1115年阿骨打称帝，到公元1234年被宋蒙联军灭亡，共历时120年。女真人主要生活在白山黑水之间，善骑射，勇征战。由于金国是在先后灭亡辽和北宋两个比自己先进的王朝之后发展起来的国家，在攻城略地之际，也汲取了这两个王朝，特别是宋朝先进的文化、经济、科技成果，以使国力不断强大。西夏则是由党项贵族李元昊于1038年称帝建国，于1227年为蒙古所灭。其疆域以宁夏平原为中心，外延数万里，境内汉族、藏族、维吾尔族、回族等多民族相处。多民族文化长期交融，彼此影响，其中受汉族文化影响为最。公元11世纪，在汉文化的影响下，西夏仿照汉字创制了自己的文字。总体来说，辽、西夏、金等王朝，都和汉族文化、中原文化有着密切的联系，在政治、

科技等方面也多有借鉴。

宋代印刷术的繁荣与发展对辽、西夏、金王朝产生了重要而深远的影响。其借鉴与汲取宋代印刷术的精华，并结合本王朝的实际，拥有了颇具特色的本王朝的印刷技术和印刷文化。如西夏王朝在与宋朝的交往中，大量接受汉文化的影响，设置学官，教授汉学，讲授儒家经典，并仿效宋朝的科举制度开科取士。在这种文化背景下，就需要大量的汉文字图书来作为教材和学习工具，西夏在大量购买宋朝的各类图书的同时，还努力发展自己的印刷事业。在中央政府设立了纸工院和刻印司，专门主持造纸和印刷事物。特别是西夏文字发明使用后，更需要大量的印刷品用以推广、宣传、使用，使西夏的印刷事业得到了快速发展，印刷技术也不断提高。辽虽然是以契丹游牧民族为主，但自从建立王朝后，就注重吸收中原的先进文化。太宗耶律德光攻克中原开封时，就将宫中藏书全部运回辽国。太祖之子东丹王耶律倍十分崇尚汉文化，曾令人购买中原宋朝刻印的书籍万余卷以学习珍藏。辽建国之初，太祖就依照宋王朝制度，建国子监，设祭酒、司业等学官，开设经史课程，用儒学培养人才。在与北宋政权交往时，曾多次派人向宋朝索要各种图书，并在边境贸易中，高价收购中原刻印的大量书籍。在宋朝印刷品大量流入辽国的同时，印刷技术也随之传入辽国，在短时期内形成拥有了水平很高的印刷技术。辽国在短时期内成就印刷业的兴盛与发达，主要原因：首先，辽国印刷技术直接来自五代时期的后晋，是后晋的先进印刷技术奠定了辽国的印刷技术的基础；其次，北宋刻印书籍大量单向流入辽国，为辽提供了先进的印刷技术的直接成果，便于其吸收与借鉴。这也就是国家制度刚从奴隶制走出的游牧民族何以在短期内印刷技术崛起、繁荣的主要原因。金国在与汉文化的融合交流中更为直接与大胆。金太祖即位之初，就大胆任用汉人参政，仿照汉族政权制定各项制度和朝廷礼仪。灭北宋之后，更是设立国子监和二十所学校，推行教育，用儒学思想培养人才，并参照汉文和契丹文制定女真文字，将大批女真人迁入关内，学汉语，穿汉服，与汉族人杂居。在攻城略地之后，更是将大量典籍、图书运往金国。如在攻克北宋京城汴梁（今河南开封）后，不仅掠走大量图书典籍，更是将宫中与民间通晓印刷技艺的工匠掳走北运，为宋代先进的印刷技术在金朝的传入使用提供了人才保障和技术保障，为金朝印刷业的发展繁荣奠定了扎实的基础。

在借鉴、吸收宋朝先进印刷技术的同时，辽、西夏、金等王朝也根据自身的文化特点，加以运用，形成了颇具民族特色的印刷文化，出版了一大批质量上乘的印刷产品。在印刷美术领域里取得的成就，从现有遗存来看，主要表现在书籍插图和雕版制画两个方面，其中尤以书籍插图成就最为明显。

## 第二节　辽代印刷美术

辽代的印刷中心在南京（今北京市），印刷的主要任务是刻书。因此，书籍插图仍然是辽代印刷美术领域的主要形式。辽代官府设有印经院，有专门主持印书的官员。从史料来看，当时南京有着雄厚的经济基础和先进的印刷技术，雕版印刷的四大要素纸、墨、刻、印相当发达，且有一批人数众多，刻工精湛的印刷技术人员。有名有姓的历史记载的优秀工匠就有穆咸宁等近 10 人，还有赵善等人的雕工群体。辽代建国后重视文化教育，也给印刷业的发展提供了良好的社会环境。辽代印刷文物的遗存主要是从三座辽塔，即应县木塔、天宫寺塔、庆州白塔中共发现有 309 件，展示了辽代印刷水平的高超与印刷质量的精湛。辽代书籍印刷以佛经最多，其中不乏精美的书籍插图。

《契丹藏》5000 多卷，579 函，是辽代国家印书机构印经院以宋朝《开宝藏》为底本刻印的。各大寺院争相收藏，是具有典型意义的辽代文化及印刷发展的一个缩影与例证。《契丹藏》卷首插图画面布局严谨，人物形象栩栩如生，是书籍插图的一幅精品佳作。从现存20 余幅辽代佛教的插图扉画观察，辽代插图扉画整体水平较高。

《辽藏·妙法莲华经》卷首的扉页画（图 4.1），全图场面宏大广阔，构图复杂，且运用变形的艺术表现手法，把所绘人物按照正常结构和比例放大和缩小，增加或减少，按照制作者的审美意识进行重新组合，充分展示了绘画者的艺术想象力。作品中点、线、面的有机结合和统一也得到了有序展现，使画面疏密有致，远近相宜。画面上的人物如佛祖、菩萨及世俗人物，刻画得生动细致，各具神韵，具有浓郁的佛教色彩和生活气息。扉画色彩庄重，色调柔和，观之使

图 4.1　《辽藏·妙法莲华经》卷首的扉画，辽代刻印

读者领悟到佛学静穆庄严之美。

《观弥勒菩萨上生兜率天经》中卷首有连续八幅线刻经变图，为护法天王像。画面呈现出一种不同的佛画艺术：色彩以浅黄色为基调，使欣赏者有温暖之感，画面四周双线边框内饰有线纹、鱼尾及金刚杵图案，画面构图也极有趣味。画面右侧大部有扶剑天王正襟危坐，庄严大气，左侧则有一双髻童子侧身正脸托盘侍立，凝视扶剑天王，人物构图有远有近，人物形态庄严活泼，人物刻画有繁有简，构成了庄严肃穆却又生机盎然的艺术效果。

辽代版画创作也多集中在宗教题材上，特别是佛教作品影响较大，且质量上乘，尤其在色彩印刷工艺上很有特色。

应县木塔出土的《炽盛光佛降九曜星官房宿图相》（图4.2）是新发现的辽代刻版印刷后再手工着色的佛像。这种着彩工艺在当时很少使用。从绘画技艺看，此画构图严谨，人物层次分明、鲜明生动，呈现出佛法庄严之感；从刻版技术上看，其画面线条流畅、苍劲有力、顿挫有方，展示了辽代刻工娴熟的技巧；从着色技法看，突出暖色，配色丰富，过渡自然，用笔自如，可视为辽代印刷美术史上一件里程碑式的作品。

《药师琉璃光佛》（图4.3）共两幅佛画。此画为整版墨印，印好后再填涂朱磲、石绿两种颜色。佛画色彩艳丽，构图考究，虽然人物众多，但主次分明，前后呼应，画面严谨，场景繁复但不杂乱，给人强烈的视觉冲击力。

《南无释迦牟尼像》（4.4）为绢本三色彩印，共三幅。佛像为红、黄、蓝三色，印刷工匠先用两块雕好的画版印出红、蓝两色人物图像及文字，再将画底涂成黄色，并采取漏印的方法印成。（《中国印刷通史》）漏版印刷技艺源自唐代，多应用于佛像印刷。在此佛画的印刷过程中，漏版印刷技术与彩色套印技术相结合，正反两面的印刷，印出的画面左右对称，就连"南无释迦牟尼佛"的字体也是有正有反，既是一幅画，又是两幅画的对称拼合。

　　总体来说，辽代印刷美术领域中，作品虽然不多，但质量上乘，品质极佳，无论从绘稿艺术、雕刻技术还是着色技巧来看，都应该在中国印刷美术史上占有一席之地。

图 4.2（左图）　《炽盛光佛降九曜星官房宿图相》，辽代刻印
图 4.3（中图）　《药师琉璃光佛》，辽代刻印
图 4.4（右图）　《南无释迦牟尼像》，辽代刻印

## 第三节　金代印刷美术

　　在辽、西夏、金三朝中，金代在印刷方面与宋朝有着更为直接与密切的联系。可以说，金代印刷的发展是在北宋印刷繁荣的基础上而形成的。特别是人才、技术的直接引进，使得金代印刷业自起步就具有很高的平台。从现存金代刻版技术及印刷质量来看，金与北宋不相

上下，书籍从装帧、字体样式、插图等方面都可与宋版佳作相媲美。与辽、西夏相比，金的印刷颇具特色。在刻书方面，金代刻书内容比辽、西夏广泛得多。金代先后刻印了大量的儒家经典著作和历朝正史，如《易经》《尚书》《诗经》《史记》《汉书》《三国志》等，并刻印有《东坡奏议》《地理新书》《山林长语》等文学艺术及科技医学等其他领域的书籍。在宗教印刷方面，金代除印有大量佛教书籍外，还重视中国道教书籍的刻印，如道教七真人的全集《七真要训》，道教名著《重阳全真集》《水云集》《磻溪集》等，特别是金世宗在中都用 8 年时间重建天长观，后又派道士各地寻访道家典籍，刻印成 6455 卷《大金玄都宝藏》。该书为中国最为完备的道藏典籍。书籍刻印的发展繁荣，使书籍插图扉画得到相应发展，成为金代印刷美术的重要组成部分。

不少书籍都配有精美图画，其中《赵诚金藏》（图 4.5）中的插图最具代表性。金代刻印的《大藏经》有 7000 余卷之巨，现有 4330 卷藏于山西省赵诚县广胜寺，故学术界称为《赵诚金藏》。此书每卷前都有释迦牟尼说法图一幅。"描绘了如来佛偏袒正坐，头肩圆光，妙像肃然，与佛弟子说法。左右侍立弟子 10 人，一人仰首合掌，聆听佛法，其余亦各具神态。两角分别侍立一戎装金刚，以示护卫。"（《中国古代书籍史》）展现出北方雄浑豪放的艺术追求。现存美国的《佛说生天经》《高王观世音经》中均有精美插图。

其他领域的书籍，如医书《新刊补注铜人腧穴针灸图经》（图 4.6），地理书《新刊图解校正地理新书》，医药书《经史类大观本草》，文学书《董西厢》等书籍饰之精美插图，这些插图或草药，或人体穴位，或传说故事，绘画水平与质量都达到了一定水准，是金代印刷美术的一个重要组成部分。

图 4.5 《赵诚金藏》插图，金代刻印

图 4.6 《新刊补注铜人腧穴针灸图经》，金代刻本

　　金代在印刷美术领域最突出的成就属于版画制作。山西平阳（今临汾）是宋代年画的一个重要产地。北宋之前，此地未有刊刻生产年画的记录。据考证，可能是金人两次攻陷宋汴梁后，掳走一些精通印刷技术的人才，才促进了平阳地区印刷业的高速发展。

《四美图》（图4.7）呈长方形立幅，图中画王昭君、赵飞燕，左右分画班姬（婕妤）、绿珠，背景配以雕玉栏杆、花石牡丹等后苑景物，四周刻有回纹边框，上额刻以穿花双凤，下底布有花纹图案，画面中的四位美人，花冠绣锦，神态妍丽，线褶流畅，绘刻得十分精致。图上印刻有"随朝窈窕呈顾国之芳容"楷书小字，工整有致，字下有刻印之家题识"平阳姬家雕印"小字一行。

　　《义勇武安王位》（图4.8）为长方形立幅，是描绘三国时关羽的图像。画中的关羽头戴软巾，身穿锦袖袍服，足蹬云头高靴，侧身握拳，神色庄严，令人肃静。其侧，一披甲武士捧印，前后又有四武士擎刀、执旗侍立于旁。旗上楷书"关"字，背景补以苍松翠石，晴空云朵，边框以回纹图案。两幅画均构图饱满，人物形象生动，雕刻精致，为中国印刷美术史不可多得的佳品。

图 4.7　《四美图》，金代刻印　　　图 4.8　《义勇武安王位》

金代木版年画最值得一提的是套色木版年画《东方朔盗桃》（图4.9），此画于1973年在西安碑林发现。画面源自《太平御览》一故事传说，为祝福庆寿之题材。画上为一头戴罩巾，身穿宽大袖袍，腰系豹皮裙，旁挂药葫芦的老人东方朔，双手握以折枝仙桃搭在肩上，双足向前奔行，回首面带微笑之神态。该画尺幅巨大，长100.8厘米，宽55.4厘米，主要使用淡墨色和浅绿色印版分别套色，展现了民间美术蓬勃发展的生命力。该画不仅具有浓郁的民间美术的特征与气息，艺术品位高，在工艺上也很有特色，

图 4.9　套色木版年画《东方朔盗桃》，金代刻印

大幅精美图画制作证明了金代印刷技艺的成熟，为我国印刷美术领域提供了不可多得的珍贵实物。

总体来说，金代木版年画的生产制作和艺术表现与宋代开封朱仙镇为代表的中原年画之间，有着千丝万缕的联系。在绘画内容上，也是以民间故事、民间传说等为主要表现内容，如四大美女、关羽、东方朔等人物形象，无论在宋代还是金代，都是民众喜闻乐见的，影响力极大的人物；在表现形式上，构图丰满精准，人物生动活泼，富有民间美术气息与审美特征。

## 第四节　西夏印刷美术

　　西夏文化受藏、汉文化影响较大，尤其是汉文化对西夏建国后的影响极大。繁荣的宋朝经济与文化，特别是宋朝印刷术的繁荣与发展，对西夏文化的形成有着至关重要的作用。西夏对印刷术的应用与推广，主要依赖于北宋印刷业对其的输入。在此基础上，西夏在中后期印刷行业有了很大发展。在汲取北宋印刷技术的同时，西夏人还有所发明与创新。在印刷技术上，西夏人使用泥活字和木活字印刷技术并有印刷品问世。在印刷美术领域中，西夏借鉴了宋朝书籍插图、版画制作技术，并在美化书籍版面上有所创新，为中国印刷美术的发展做出了贡献。遗憾的是，西夏灭亡时，蒙古军对西夏文化进行了毁灭性的打击与破坏，使西夏文化几乎荡然无存。尔后，外国人又对西夏文化遗存实物进行了掠夺，致使西夏文化，特别是印刷品的历史遗存物在国内极为少见，也为国内学者研究印刷文化带来很大的困扰与困难。可喜的是，通过近些年来考古工作者的辛勤劳动，挖掘出一批西夏历史文物，其中不少是印刷品，这也为我国学者研究西夏印刷业提供了宝贵的历史资料。

　　西夏的统治阶层与民间百姓信佛者众多，因此，佛教书籍及佛像成了西夏印刷的重要内容。在现存的西夏印刷品中，佛教经典书籍占有比较大的比重。俄国人柯兹洛夫从甘肃掠走的500多种西夏印刷文献中，仅佛教就有420种；英国人斯坦因从西夏黑水城挖掘并掠走许多西夏文物典籍并编成目录共48类，其中39类是西夏刻印的佛经版画，在佛教印刷中配以插图扉画。西夏除刻印汉字佛教外，西夏文书籍的印刷也是其中一大特色。

西夏文《现在贤劫千佛名首》（图4.10）的卷首扉画《译经图》
就极具代表性。此图画中白智光以国师之身，居画面中心，制约全局，
助译者番汉各四人，穿插分坐两侧，有的握笔，有的持卷，似有分工，
形态各异；前方体型较大的两人，衣着富丽，形态安详，是皇帝秉
常、皇太后梁氏。从此画的内容，可一窥西夏王朝对佛教的重视，以
及对佛教经典翻译与传播的支持。在绘画技巧方面，此图构思精妙，
场面宏大，人物众多，但层次清晰，主次分明，远近视点处理得当。
无论是人物还是背景细节处理都很精到，使整个画面呈现出了祥和庄
严的景象，符合佛教信仰崇拜的教化功能。在雕刻技术上，刀法细
腻又不失刚健，线条简洁却又充满情感，是书籍插图的佳作。另外，
《梁皇宝忏图》《转女身经》及《妙法莲华经》（图4.11）等扉画
均为西夏佛教扉画中的上乘之作。

图4.10（左图）　　《现在贤劫千佛名首》扉画，西夏刻印
图4.11（右图）　　《妙法莲华经》扉画，西夏刻印

在西夏佛教经典著作中，还有一些美术作品极具特色，那就是连
环画式的插图佛教。这些佛教以图文并茂的形式阐释佛教信义，以通
俗易懂的方式向社会民众宣传佛教信仰，以生动活泼的故事寓教于
乐。（图4.12）

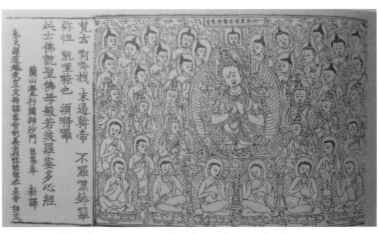

图 4.12 《佛说佛圣母般若波罗蜜心多心经》，西夏刊印

其中内容与形式最具西夏文佛经特色的是《妙法莲华经·观世音菩萨普门品》（图4.13）。此插图佛经首页为水月观音扉画，其他均为上图下文形式，图文间横线相隔。除第一图是由卷云、栏柱、莲花组成的题图外，其余53幅图都是与文字内容相关联的一些故事图画。图画的版面视文字内容大小宽窄不一。全部版面涉及神怪和世俗人物约七十。神怪人物和动物有佛、菩萨、天王、夜叉、罗刹鬼、声闻、龙、乾达婆、阿修罗、蛇蝎等。世俗人物有商人、比丘、比丘尼、婆罗门、武士、妇女、童男、童女、刽子手、囚犯等。此画作展现的是西夏社会，一幅生动丰富的生活画面，是一部了解西夏社会，特别是探究西夏社会宗教信仰的珍贵资料。以图画故事的形式阐述佛经，不仅为佛教宣传，也为经典著述被广大民众接受提供了艺术传播方式和可鉴之经验。插图的雕刻技术是以阳线为主，阴线辅之，线条清晰流畅，展示了木刻艺术的强大魅力，具备民间坊刻本粗放、质朴的创作风格与艺术特征，是印刷美术领域连环画书籍较为典型的

优秀代表作。

在印刷美术领域，西夏在书籍版面的设计上有所创新。主要特征是在字体空白处插入形形色色的小花饰，以强化书籍装饰的美化功能，吸引读者视线。这些花饰，简单的有圆点、圆圈、三角、方块、十字等，常用的有菱形、火炬、无名小花，此外还有人物，多在标题下空间较大的地方，高达三四厘米，有头戴荷叶，足蹬莲花的人物；有头戴笠帽，背披蓑衣的人物。这些花饰，不仅出现在《番汉合时掌中珠》（图 4.14）、《杂字》等通俗读物中，还出现在辞典、佛经中，而国家重典《天盛律令》中最为丰富，各种花饰多达十几种。上述花饰多出现在西夏的文献典籍中，汉文刻本则较少。西夏书籍装饰中，还有彩色栏线，单栏线多为红色和橙黄色，双栏线有红黑双线、褐绿双线等。在双栏线中间还绘有各种纹锦的花栏，花栏多为立柱装，柱头多有莲花。可以说，西夏印刷书籍中封面设计的美化，增添了书籍艺术的表现形式，丰富了印刷美术的种类，为后世的书籍装帧艺术的发展提供了宝贵的经验。

图 4.13 《妙法莲华经·观世音菩萨普门品》，西夏刻印

图 4.14 《番汉合时掌中珠》，西夏刻印

# 第六章 元代印刷美术

## 第一节　元代印刷美术发展的历史背景

元代是我国历史上版图最大的王朝，也是第一个由北方游牧民族建立的统一全国的王朝。元代衍生于蒙古帝国，共传六代十一帝，共计98年。元朝建立后，基本采取汉法治理汉地，但同时又保留一些蒙古旧制；元朝以战争的形式掠夺政权，但在建国以后，为统治需要，他们在文化方面，兴学重教，尊崇儒术，任用大批汉族知识分子，用儒学思想治理国家，统治各族人民。统治近百年，元代在文化及科学技术方面均取得了很大的成绩。在文艺方面，元杂剧成就最大，书法绘画也涌现出一批大家；在科技方面，尤其是印刷技术有了长足的发展；在经济方面，农业生产得到了恢复与发展，手工业生产较为发达，城市商业和对外贸易相对繁荣，海上运输尤为兴盛。这些都为元代印刷美术的发展提供了良好的外部环境。这其中与印刷美术的发展直接关联的是经典书籍的刻印、书法绘画艺术的发展和印刷技术的进步。

元朝统治政权为治国所需，重视儒学，提倡教育，这就需要大量经典著作来予以宣传、推广、支持。因此，也给印刷业的发展提供了较为宽松的环境与空间。元朝在统治政权建立伊始，就成立了中央政府印刷机构并负责刻印大量经典著述。最高统治者还常诏令将自己特别感兴趣的书籍雕刻印刷，分发给臣民。元世祖就曾"诏以大司农司所定《农桑辑要》分颁诸路"。（《元史》卷一四，世祖记十一）在

中国印刷美术史

096

史书记载中，皇帝诏书的事例颇多。在中央政府影响下，地方政府及书院刻书也蔚然成风，刻了一大批内容广泛，涉及各个领域的著作。民间书坊也全面发展，形成了以山西平阳、浙江杭州、福建建宁为龙头，遍及全国的印刷作坊。元朝印刷业的发展，刻书的盛行，也带动了印刷美术的繁荣发展，为印刷美术成长提供了基础与保障。

元代艺术，特别是书画艺术的发展，为印刷美术的成长注入新鲜的活力。特别是以元代著名书画家赵孟頫为代表的书画创作，对印刷美术的创作影响深远。在书法方面，赵孟頫精通真、行、草三书，其小楷字体妍丽，用笔遒劲；大楷则圆劲秀媚，端正研究，姿态流畅，洒脱自如。《元史·本传》称他为"篆、籀、分、隶、真、行、草，无不冠绝古今，遂以书名天下"。在元代刊刻书籍中常用的字体，就是赵孟頫体。元代书籍刻印中赵体流行最主要的原因：赵孟頫的书法艺术在元代已极负盛名，在权贵文人间及民间均有较大影响，且具备很高的艺术审美价值，并且，赵孟頫常常亲自为当时的刻本书上版，如《道德宝章》等书版就是赵孟頫亲自书写的。亲自参与印刷美术领域进行实践，使其书法艺术融入雕刻艺术的特点，更为印刷刻工及大众所接受。赵孟頫书法平和简静，线条端正流畅，结构均匀整齐，笔画呼应得当，其艺术风格呈现出简洁明快、端正不失飘逸、严谨而又灵活的审美特点，而这种审美特征，也容易被印刷刻工借鉴使用。除楷书被印刷业大量使用外，赵孟頫的行书也常在元代书籍刻印中使用，这也是元代印刷美术领域的一大创新。赵孟頫的行书如行云流水，通达自然，具有极高的艺术价值。其字体常应用于一些文学艺术类作品的印刷，内容与形式完美结合，能使读者拥有极高的阅读兴趣与欣赏价值。赵孟頫在绘画艺术方面也造诣颇深。山水、人物、花鸟、竹石等均可入画。在绘画领域，赵孟頫最大的贡献就是开创了元代简率、尚意，以书入画的时代画风，对元代印刷美术的绘画创作产生极大影响。简率，是赵孟頫，也是元代画家最突出的特点。简，即简练不琐碎；率，即轻巧灵活。赵孟頫之画，形象高度概括，人物简约生动，寥寥几笔，气势呼之欲出。如《秀石疏林图》《红衣罗汉图》等便是其典型代表。而赵孟頫等元代画家的这种画风，极易被以雕刻艺术为主体的印刷美术创作者吸收并接受。在元代书籍插图、版画创作中，常常能感受到这种画风的影响与熏陶。如元代《礼书》插图中，就充分展现出绘画者对这种画风的汲取与表现，对这种画技的借鉴和使用。插图简约而生动，一农夫头戴草帽，左手扶犁，右手扬鞭，前面两头牛奋力前行，一幅农耕景象。绘图简练，线条明快，充满了浓郁的生活气息，带有明显的元代简率的绘画艺术追求。

类似赵孟頫这样杰出的艺术家介入元代印刷美术领域的并不罕见。如当时书法家周伯琦亲自为《六书正讹》手写版，书法家杨桓为《六书统》《六书溯源》等手书上版。可以说，以赵孟頫为代表的元代书法家亲自实践印刷美术领域的创作，不仅对印刷美术的发展与繁荣，也为今后印刷美术的发展做出了不可低估的贡献。

元代在印刷技术方面，也有着一定的突破与创新。最重要的成就就是王祯在宋毕昇泥活字的基础上，成功地进行了木活字的印刷，并以《造活字印书法》总结概括了中国乃至世界上第一份木活字制造和印刷工艺的完整流程，成为世界印刷史上宝贵的文献资料。元代在印刷地域上更加广阔，特别是将印刷技术扩展到更多的少数民族地区，为少数民族印刷事业的繁荣发展奠定了重要的基础。但对于印刷美术领域而言，元代最重要的是将宋代发明的套色印刷技术成功地运用于书籍印刷，或为印刷业最重要的印刷品种——书籍的美好提供了强大的技术保障，使印刷美术领域的品种、内容更加丰富多彩，表现形式更加生动活泼。

　　套色印刷是中国印刷史上继雕版印刷技术发明以后又一重要贡献。与普通的雕版印刷相比，套色印刷在技术上更加复杂。"套色印刷是先将一个完整的内容分割成若干版面，然后通过分别上版、分别刊刻、分别刷色、分别印刷等多个技术过程，才能将原先分割后的版面用不同的颜色重新组合起来，最后表现一个完整的内容。每个分割后的版面可以是黑，也可以是红，还可以是蓝或其他不同的颜色。由于套色印刷是由多块单色印版用多次印刷的方法所构成，虽然可因此视为单色雕版印刷技术的简单组合，但不同颜色的版面套叠，却给世人带来了新的艺术享受，为人类追求多色调的彩色印刷提供了技术支持。"（《中国古代印刷工程技术史》第270页）套色印刷技术在宋代开始使用，主要是用于北宋时期的纸币套色印刷。在元代，套色印刷技术逐步推广，在佛教经典印刷与批注古典经籍中使用。后两者是套色印刷技术在民间得以延续、扩大、应用与发展的重要领域。现存最早的套色印刷实物是元代的《金刚般若波罗蜜经注解》。该经卷首刻有无闻和尚注经图。全图即采用套色印刷技术印制而成，图画仅用黑红两种色彩，文字中除右三行大字经文采用绛红色，其余注文均为黑色印刷。图画中，上部装饰的松枝用黑色，图中的无闻和尚、侍童及书案、方桌、云彩、灵芝等均用红色印刷。双色套印的技术使得书页庄重之余又增添了活泼生动的韵味，使书籍在表现形式上更具有审美特征，可以说是印刷美术领域中技术与艺术完美结合的典范。

## 第二节　书籍插图

　　元代印刷美术的主要形式仍然是书籍插图、木版年画两大类别。另外，在书籍的美术设计方面，元代也有一定的创新与突破。元代衍生于蒙古帝国。早在蒙古帝国时期，书籍中就有插图扉画等美术形式。如现藏于首都图书馆的蒙古刻版图书《孔氏祖庭广记》，就有精美的卷首扉画两幅：一为《乘辂》，一为《颜氏从行》。其图画构思精巧，画面端正大气，刻刀娴熟流畅，线条刚劲有力，是蒙古书籍插图扉画中的代表作。另有《尼山》《颜母山》等，以自然山水为题材，也颇具艺术品位。继承之传统，加之元代统治者重视刻印书籍，数量巨大。因此，书籍插图成为书籍装帧中不可或缺的重要组成部分。

　　元代书籍插图扉画丰富多彩，其题材广泛，形式多样：有单幅图、冠图、连环画等不同样式。特别是社会生活类题材的插图扉画，明显增多。在书籍封面上部刊有图画，是元代在印刷美术领域的一个创新，特别是在一些通俗读本及书籍封面上，注意美化效果和视觉冲击，用图文并茂的形式吸引读者。如建安书堂刻刊的《新全相三国志平话》（图 5.1）就是较为典型一例。此书封面构图新颖别致，书面最上端刻有"建安虞氏新刊"六个中号字，其下是著名的三国历史故事"刘备三顾茅庐"。图中人物形象栩栩如生，场景生动有趣，刘备居中，询问小童，旁边关羽、张飞随行，右上角远处随行甲兵隐现，而诸葛亮则手持羽扇，端坐于右上方。画面设计安排表现出刘备求贤若渴的迫切心情。图画横眉约占封面面积的三分之一，图下左右两侧为竖排的两行大字书名"新全相三国志平话"。字体醒目，刻写遒劲有力。八个大字中间刻有"至治新刊"四个小字，小字用长方形框之，形成一个和谐的整体。这种封面设计形式融艺术性与实用性为一体，能给读者以强烈的视觉冲击和审美欣赏。封面整体美术设计独具匠心，图文比例和谐有序，字体大小安排得当，特别

图 5.1《新全相三国志平话》是书名八个醒目大字，再配以精美图画，突出了书籍的主题内容。这种在印刷美术领域大胆的尝试和创新，无疑为后世书籍装帧艺术的丰富提供了一个新思路和新视野。

图5.1 《新全相三国志平话》

## 一、佛教经典插图

元代书籍刻版印刷，佛教经典著述占有相当比重。佛教经典著作在刊印时附有插图扉画，早在唐、五代、宋及蒙古等朝代中均有出现，元代也传承这一书籍装帧形式，在经书中配以插图扉画。如著名的《普宁藏》就是一例，它的雕版工作于元至元十四年（1277）开始，至元二十七年（1290）结束，前后共用了13年的时间。全藏共591函，5996卷。这部元代刻印的著名经书中，配以精美插图扉画。《普宁藏》中的《教主释迦牟尼佛说经处》（图5.2）刊刻的主题是佛说法图，此画构图严谨，刀刻流畅，从内容到形式，均可称为佛教经书中的精品佳作。《普宁藏》中还有其他的插图扉画，如仅有两个半页的佛说法图扉页画。正面中，在众多听法人群中，有两位做髡法状的人物较

图 5.2 　《教主释迦牟尼佛说经处》局部，元代刻印

为醒目，其中一位旁边刊刻着小字"总统永福大师"。元代的其他经卷书籍中同样出现扉画插图。1984 年在北京智化寺发现的元代卷轴式刻本大藏经《大金色孔雀王咒经》卷首，就有扉画出现。元代时期，蒙、藏、西夏文都有佛经印刷。

从印刷美术创作的角度考察，元代佛经典籍虽有精美插图出现，但总体来说，其内容和形式均沿袭了前朝佛经图画作品的主题与风格。从艺术创作及审美特征考量，新意不多，尚不能体现元代书籍插图扉画的艺术价值与审美功能。

## 二、文学艺术类插图

真正能够代表元代书籍插图扉画艺术品位的，应是文学艺术类书籍，特别是小说、平话等通俗读物中的插图扉画。这类书籍虽然在元代庞大的印刷产品中仅占一小部分，但是其插图扉画却充满浓郁的社会生活气息，特别是民间社会生产、生活气息，以符合民间大众审美情趣和思想倾向的表达方式，用图画这一特殊载体，传递和描述人民群众喜闻乐见的故事与人物，而这种题材的广泛性、民间性、大众性也令印刷美术的绘画者提供了一个更为广阔的艺术创作思维空间。

　　元代在文学艺术方面，小说、戏剧创作取得了不俗成就。在此之前，传统文学体裁是抒情的诗歌散文，而元以后，文学作品的体裁出现了有情节、有人物，以叙事为主的戏剧和小说。从题材内容看，元代小说戏剧反映的社会生活更为广阔、深入。上自最高统治者，下至普通民间大众，他们的形象、思想、感情和日常生活广泛地出现在小说戏剧中。特别是普通百姓大众生活和情感，被作家们以正面形象进行描写、叙述。而这种文艺现象，也在印刷领域的表现形态是小说、话本之类的书籍出版、印刷量有了一个大幅度增加。如著名的建安书坊，就刻印了一大批质量上乘的小说、话本类读物。这些读物基本读者群是普通百姓。因此，制作者也更加注意雅俗共赏、老少皆宜，以图文并茂的形式吸引读者，方便百姓阅读。从现存文献来看，最早采用图文并茂形式的书籍是元建安书堂刻印的《新全相三国志平话》。但最有代表性的则是建安虞氏书坊雕版刻印的五种平话：《全相秦并六国平话》《全相续前汉书平话》《全相三国志平话》《全相乐毅国齐七国春秋后集平话》及《全相武王伐纣平话》（图 5.3）。

　　这五本书从封面的构图形式到版式的上图下文，极具时代特色，是典型的元代小说类书籍配以连环画插图的代表作。每一种书为三卷，五种平话的每面插图约占版面的三分之一，为两面连接式连环画页。每图描绘一个故事的场面，其中画面整体布局主次分明，构图富有变化且连贯有序，人物造型生动传神，画风婉丽圆润，刀法娴熟浑

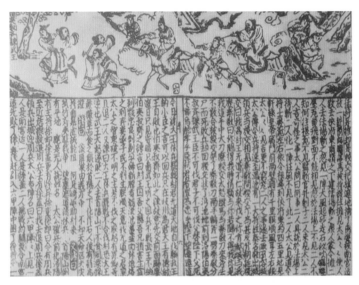

图 5.3 《全相武王伐纣平话》，元至治年间，建安虞氏刻印

朴。这种画面与文字统一协调的书籍装帧形式，是元代印刷美术领域的一大贡献。它传承了前代书籍插图的形式和技法，并为后世插图的创作形式提供了经验与借鉴。

由于元代小说、话本类书籍题材广泛，社会生活广阔，特别是下层劳动人民的生活被广泛描写，其文字本身的社会性就给绘画创作者提供了丰富的素材与创作空间。虽然绘画本身要服从于文字表述的需要，但是广阔的生活依然为绘画者提供了取之不尽、用之不竭的创作源泉。在绘画者笔下，农民起义队伍中的英雄好汉、地主豪绅、小商贩、庄稼汉、手工业者、渔翁樵夫、小姐丫鬟、妓女，以及普通百姓芸芸众生，皆可成为绘画者笔下的原型。在封面美术设计上，《新全相三国志平话》无疑是具有代表性的。无论是从构图的严谨设计还是字体大小的安排，都显示出了设计者深厚的美术修养与造诣，堪称佳作。在内文插图扉画方面，元代散曲名家马致远所撰写的《吕洞宾三醉岳阳楼》（图 5.4），石子章所撰写的杂剧《听琴》（图 5.5）则是小说、戏剧类书籍插图扉画的精品佳作。它们也在一定程度上代表了元代印刷领域的美术从业者的艺术追求与技术展现。从两幅画的表现风格看，绘画者明显传承了秦汉时已趋于成熟，唐宋时达到高峰的中国工笔画的创作技法，并在其中融入刀刻洗练、明了的表现技法。如《吕洞宾三醉岳阳楼》，整体构图饱满丰富，线条圆润而又不失刚健，画面整体呈现出工整细致，周密不苟的工笔画特征。图画虽为平面，但给人的视觉却有立体之感。画面下方湖水涟涟，波纹荡漾，湖水左下及湖面中，时显水草杂树嵌入其中；画面上方，则是巍巍之岳阳楼，楼中吕洞宾正与友人举杯同饮，神态可掬，生动活泼。楼前有茂树遮

图 5.4　《吕洞宾三醉岳阳楼》，元　　图 5.5　元杂剧《听琴》，元代刻印
代刻印

顶，后有淡淡几笔线条勾勒出远处山峰。人物、湖水、山峰、树草、亭台楼阁在画面中设计安排得错落有致，远近相宜，布局严谨有度，立体效果呼之欲出，就连酒楼上那一杆竖立的招牌布条，也是随风飘荡，惟妙惟肖，构成了一幅极具意境与韵味的山水人物画。

再如《听琴》，作者同样是用工笔画技法来描绘作品。构图饱满，画面整体摇曳的竹叶以重墨占据显著位置，画的顶端部及左下方均是重墨的竹叶。画中的人物则隐匿在竹林之中，画左上方，竹屋内以妙龄女子正俯首抚琴，而在竹屋外画面的右侧正中，一书生正背手侧身聆听，其神情专注，跃然纸上。画面下端，则画山石或木栏点缀其中。画面清雅不俗，画墨浓淡相宜，画风温润细腻，较为生动逼真地描绘出青年男女爱慕相恋时的那种心态、情绪，具有较高的审美品位和悠远的意境。

## 三、其他

除佛教经典著作及小说、话本类书籍插图扉画外，元代其他书籍也附有一些颇具审美价值与实用价值的插图及扉画。如《博古图录》中的图画占据两面，版式疏朗大方，具有美感；《竹谱详录》是一本描绘竹子的画谱，其图画构图精美，雕刻遒劲有力，线条流畅，竹子傲骨之神态尽显；《绘像搜神前后集》的绘画和刀工都很精湛，为元代插图不可多得的佳作；《饮膳正要》是一部讲述饮食烹饪技术的书籍，其书中附图168幅，生动传神，兼具审美价值与实用价值。

## 第三节　木版年画

　　元代木版年画从现有实物文献记载来看，均逊于宋、金时期。但是元代木版年画有其自身特点。年画制作与宗教印刷及书籍插图相比，其"命题作画"的束缚较少，可以独立的画面来表现绘画者的思想、感情及主题，而不需要依附于文字；与专业画师创作相比，前期创作思路基本一致，不同的是年画最终要用雕刻、印刷的工序来完成作品，而专业画师则只需要纸、墨等工具即可完成。木版年画的服务对象为普通大众，决定了它的基本内容与题材。从元代木版年画的内容看，大部分是传承前朝年画创作的内容，如门神、关公等，以及表达人们春节喜庆、吉祥、祈福等愿望的图画，是年俗的美术，家居的装饰，兼备实用性与艺术性。元代年画《货郎图》《春景戏婴图》《三元报喜图》等就是这种民间节庆人们思想情感表达的内容之一。但是，元代木版年画在内容上有一个新的拓展，那就是《耕织图》类年画的悄然兴起。这一点，元代木版年画与元代小说、话本类书籍插图扉画有着异曲同工之妙，更加充分地描绘、展现了社会生活，特别是底层人民的生活、劳动场景，更加贴近广大老百姓的现实世界。这类题材主要反映了元代北方地区以农业生产为主要内容的年画，虽然元代年画遗存物已没有，但是通过一些诗人作家笔下的描述依然可窥见它所反映的重要内容。如元代赵孟頫就曾在《题耕织图二十四首》中记叙了这些年画所描绘的生活场景。"姓田的一家在节日之际，设酒摆宴款待乡邻，人们兴高采烈地换上了新装，年迈的老翁和小小的孙孩嬉戏着，慈祥的老婆婆已经白发苍苍。他们互相招呼着坐下来，闲聊起来，而前面的杯盘中摆放着食物，俨然一幅生动和谐的农村节庆生活画面。还有纺织生产的场景：深秋季节，冷风瑟瑟，为求生计，农妇不顾天气寒冷，仍在教女儿进行织布技艺……较为深刻地反映出了元代农民生活状况的艰辛。"可以说，《耕织图》之类的年画，反映了元代农村农民的生产生活场景与状况，是年画中难得如此贴近生活，贴近大众的作品。

　　元代木版年画在艺术的表现上，基本传承了年画创作中稚拙、简洁的艺术风格，强调线条的技巧和构图的丰满，充满着浓郁的生活气息。但是元代的木版年画中，也有别具一格的作品呈现。如《进宝图》（图5.6），该图描绘的是一位送宝力士的形象，该力士头顶一盘丰硕的金珠宝玉。力士虽然身体苗壮，孔武有力，但头顶的珠宝分量太重，依然

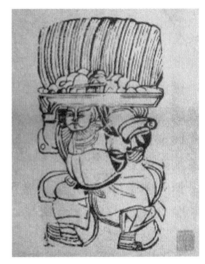

图 5.6　《进宝图》，元代木版年画

压得他面色凝重，而呈现出吃力的神态。图画反映出人们对财富的渴望和期盼。有趣的是，该画在创作中采取了夸张及变形的手法，使画面充满了一种幽默、诙谐的气息。珠宝呈现出来的光彩，用线条进行勾勒，夸张地呈现珠宝的重要与珍贵；人物的体态及衣衫也是用变形的技法展现出人物的粗壮有力。整幅图画构图新颖别致，画面粗犷夸张，线条流畅有力，疏密相宜，是元代年画创作中的优秀作品。①

―――――――――
① 王树村：《中国民间年画史论集》，天津杨柳青画社，1991 年。

第七章

明代印刷美术

## 第一节　明代印刷美术的发展概况

　　明代是我国出版印刷业的全盛时代。宋、元两代为明代印刷业的发展与辉煌提供了精湛的技艺，积累了丰富的经验，加之明代政治、经济、文化的发展和社会的迅速崛起，刻书种类繁多，需求巨大，为明代印刷美术的繁盛提供了平台与基础。

　　政治上，明朝政府在出版印刷上给予政策的支持。减税政策、开放政策都为明代印刷业繁荣提供了政策保障。明成祖推行减税政策，促进了商业与手工业的发展，特别是造纸业、印刷业实行的优惠政策，推动了印刷行业相关产业发展；另外，明代出版行业实行开放政策，允许私刻，使明代民间印刷行业出现空前繁荣。

　　文化上，明朝重视文化事业。中央、地方官府刻书自宋朝开始盛行，至明代又得到了进一步的发展。一是明朝以科举选拔人才，各级官员对刻书、撰写等兴趣浓厚；二是官府通过刻书可以达到宣扬理教，训导民众的目的，符合统治阶级的利益。明代印书数量巨大，种类繁多，质量上乘，为印刷美术的繁荣，特别是插图艺术的表现提供了物质载体。中央各个机构均刻印书籍，有的机构还有自己常备的雕刻工、印刷工等，最大的印刷机构是钦天监、司礼监、国子监。明代的司礼监是中央官府刻书最多的机构。司礼监下属的印经厂，到嘉庆年间专业的印、刻、装、裱等工匠达1000多人。印经厂在印刷

中
国
印
刷
美
术
史

史上称"经厂本"。据不完全统计，司礼监刻书160多种，至今流传的经厂本有100多种。太监金忠在天启年间刊印的《瑞世良英》

就是其中非常具有代表性的作品。《瑞世良英》有300多幅插图，辑录了古今孝廉事迹，插图刀法娴熟，笔触细腻，画面生动灵活。地方印刷主要机构是布政使司、按察司等机构，按照《古今书刻》的著录，各省布政使司、按察司刻书300余种（该书记载了洪武到嘉靖末时期，隆庆、万历等刻书最多的朝代未记录）。"藩府本"是明代印刷史特有的版本形式，由藩王府刻印出版。明代的分封制度使亲王们经济待遇优厚，生活上过得悠闲自得。在这样的制度下，明代亲王一般不问政事，或沉迷物质享乐，或成就学问。明代藩王中不少是艺术家、书法家、农学家等，出版各类著作350多种，加之明代达官显贵，尤以刻书、藏书为雅的社会风尚，使得明代藩王刻书蔚然成风。仅宁藩和弋阳王府就刻印书籍200种。因为经济宽裕，藩王府刻印的书籍精细认真，大多为精品书。

经济上，商业、手工业的发展，市民阶层兴起，促进了书坊业的繁荣。南京、北京、苏州、杭州、建阳等地以盈利为目的书坊，为满足市民阶层的消费娱乐需求，加上明代文人"弃儒经商"者比比皆是，文人长期生活在市井之中，对大众的生活方式、审美趣味、价值观念非常了解与熟悉，创造出了大量的市民文学，刊印了许多戏曲、小说等通俗读物。由于出版业竞争激烈，书坊为了吸引读者，将故事中戏剧性的情节，通过视觉艺术的方式呈现出来，直观清晰，生动活泼，深受读者的喜爱。因此，书坊所刊剧本、通俗小说无一不附图，文人也参与书籍插图的制作过程之中，这为书籍插图艺术的发展提供了广阔的舞台。画家与刻工分工合作的生产模式，客观上促进了明代版画的发展繁荣。《养生图解》《方氏墨谱》《图绘宗彝》

等以图为主的版画艺术不断涌现，使明代版画艺术成为明代印刷美术最重要的表现形式。

科技上，科学技术的繁荣，多色套印技术的推广与运用为明代印刷美术提供了技术支撑。从明朝晚期开始，西方伴随着文艺复兴、地理大发现和宗教改革，科技发展很快。与此同时，中国也涌现了徐光启、宋应星、徐霞客、冯梦龙等一大批科学家、地理学家和文学家。西学也随着一批传教士来到中国，为东西文化的交流开辟了窗口与机会。这些文化的交流也体现在书籍插图之中。如《程氏墨苑》的作者根据利玛窦送给他的从欧洲雕刻品中复制的西方文字和圣像，摹绘和雕刻成四幅西方天主教宗教图画，并附以罗马注音，解释图画内容，第一次将西方刻的《圣经》故事图像收入中国版画。多色套印技术的运用为明代印刷美术的繁荣提供了技术支撑。现存明代最早的套版印刷书籍，有万历年间刻印的《闺苑十集》和《程氏墨苑》。明代后期，对雕版印刷技术的改进做出巨大贡献的是胡正言。他所采用的"饾版""拱花"印刷新工艺，将我国古代的印刷技术，提高到一个新的水平，为明代印刷美术的繁荣奠定了基础。明代印刷美术的主要表现形式为书籍插图、木版年画。

## 第二节　书籍插图

明代市民阶层的形成，推动了以戏曲、小说为代表的通俗文学的发展，私人印刷作坊竞争激烈，促进书籍形式不断推陈出新，加之明代的画家面对蓬勃兴起的书籍出版业，积极为书籍创作插图，优秀刻工不断涌现，两者之间形成了紧密联系、共同发展的关系。因此，戏曲、小说中的插图在继承宋元传统的基础上得到了前所未有的繁荣与发展。书籍的插图类别包括经书插图、史书插图、小说与戏曲插图、实用科普图书插图等种类，为明代书籍插图的繁荣局面奠定了良好的基础。

## 一、书籍插图的历史时期

明代是我国古代版画史上的鼎盛时期，不仅在表现手法、题材选择、工艺上都渐臻完美，表现出无以复加的境界。明代的版画分为早期、中期、晚期。

明初版画以南京、北京为代表，延续了宋元时期的风格。在此期间，版画作品在艺术表现上的一个共同特点就是自然奔放。究其原因，就是这时的刻工、画工很可能由一人兼任。版画上人物的须眉、衣裙的皱褶等，尚有极为明显的以刀代笔的痕迹。特别是阴刻的线条，刻工信手所镌的迹象也很清楚。正因为如此，明初版画在发挥线描、强调阴刻及版面的黑白对比上，都有大胆的创新，使版画艺术迈出了新的步伐。

明代中叶以后，伴随着资本主义的萌芽，城镇居民急剧增加。适应城镇居民精神文化生活的需要，戏曲、小说层出不穷。为使这些戏曲、小说更加富于形象化，根据戏曲、小说中的人物、场景和情节，绘制雕印的插图也越来越丰富多彩。特别是嘉靖、隆庆以后，带有丰富插图版画的戏曲、小说，不但数量多，质量和艺术水平也有很大的提高。仅五集的《古本戏曲丛刊》所收明代版画就有3800余幅。明中期的版画以福建建安版画最有特色，无论是小说、戏曲、通俗读物，均以上图下文的插图形式，为明代版画的繁荣奠定了基础。

晚明是中国版画的黄金时期。万历以后，版画业突飞猛进地发展，并且创造了新的方向与道路。这一时期，全国书坊遍及大江南北，名家辈出。北京、金陵、徽州、杭州、建安等地，刻书和雕印版画一方面百花齐放，争奇斗妍，形成了齐头并进的格局；另一方面同一地区的刻书和版画风格又渐趋一致，形成了以地域相划分的不同流派，如金陵派、徽州派、建安派等。这一时期的版画艺术还有一个新特点，即当代的名画家与当时的名刻手，能相互配合，紧密合作。

## 二、书籍插图的主要内容

### （一）宗教插图

#### 1. 道家经典插图

在宗教书籍刻印方面，主要是佛教经典和道家经典。《道藏》（图6.1）为道经道书总集，其内容主要是道家书、方书、道经和传记。永乐四年（1406），明成祖朱棣命主持刊印《道藏》，至英宗正统九年（1444），修订完成。明正统版本，万历御赐官刻本，经折装。开本35厘米×13厘米，现存227函、576目、1576卷。明万历二十七年神宗朱翊钧颁赐岱庙。岱庙旧藏《道藏》已列入首批国家级珍贵古籍名录。（图6.2、图6.3）

图6.1 《道藏》图

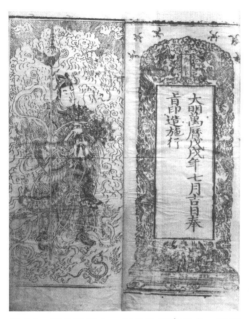

图 6.2 明正统版本，万历御赐官刻本，经折装，现收藏于泰安市博物馆

图 6.3 道家炼丹专著《道元一炁》插图，明曹士珩撰，明崇祯九年（1636）方逢时刊本

2.佛教经典画

明洪武年所刻《观世音菩萨普门品经》扉画，全画面貌具有宋元时期扉画的风格。刻工精细，线条挺劲，构图严谨，突出主要人物的形象。这与当时的内战未停，经济没有很好恢复有关。明永乐年间的版画也流传不多，《天妃经》扉画、《鬼子母揭钵图》（图6.4）反映了这一时期高超的雕印水平。《天妃经》画面中的海水及船只，说明与郑和下西洋的事情有关。《鬼子母揭钵图》长约133厘米，场面宏大、构图严谨、内容丰富、线条流畅、雕刻技艺精湛，为我国古代版画中的巨作。

图6.4 《鬼子母揭钵图》

### （二）小说插图

明代是小说插图的黄金期，数量上、质量上都得到空前的发展，出现了专门的画工和刻工，文人、画家也参与版画插图的制作。通过版刻印刷技法上的发展，逐渐类型化、规范化，图像和构图的模式日趋完善，甚至出现套式化的现象。

明代小说多源于宋元话本和民间传说，明初时已出现了《水浒传》《金瓶梅》《三国演义》等长篇巨著，其中《水浒传》《三国演义》的插图版本最多，质量最高，具有很高的艺术欣赏价值。《三国演义》的插图版本不少于九种，建阳刻本图多以朴实为主；金陵刻本已注意到人物的面部表情和内在气质把人物刻画得惟妙惟肖。现存的明代木刻本《三国演义》大约二十余种，经历了万历、泰昌、天启、崇祯几个阶段的发展，都具有不同的状态。万历三十年以前刊刻版本有画面凌乱、线条粗陋、人物不生动等早期插图特点。从万历三十一年之后，《三国演义》的插图就呈现出插图线条流畅生动，画面工整清晰，人物表情精彩，刻工精湛，技艺纯熟等特征。

　　《水浒传》（图6.5）的版本在不同地区表现出来的艺术风格都是截然不同的。福建建阳双峰堂刊本《京本增补校正全像忠义水浒志传评林》，每页上栏写评语，中栏画插图，两旁加简要说明，下栏为正文。画面虽不大，场景也有所限制。但情节简明，人物突出，而且具有很强的连续性，每页插图连在一起就是一套连环画，也为明代插图最多的一部。容与堂刊本《李卓吾先生批评忠义水浒传》，每日插图两幅，每图一面，由徽派刻工黄应光、吴凤台刻，插图重视人物形象的塑造，善于抓住人物内心感情，如"武松醉打蒋门神"页，武松挥拳击倒蒋门神，仰首扬须的神态，传达得淋漓尽致。此本捕捉人物及动物动态、表情细致，线条较为粗简。刀法亦显粗犷豪放，粗中见细，具有独特的艺术特色。

　　**（三）戏曲插图**

　　戏曲文学在明末空前发展与繁荣，戏曲创作空前繁荣。此时期涌现了大批作家，作品的数量之多远超以往各个朝代。戏曲批评开始受到文人士大夫的重视，出现了诸如吕天成《曲品》、祁彪佳《远山堂曲品》《远山堂剧品》、王骥德《曲律》、凌濛初《谭曲杂札》等论著，古代戏剧理论迎来了高峰期。戏曲欣赏成为明末社会各阶层的重要娱乐消遣，戏曲作品不论宋元旧本还是当朝新剧，此时期多有刊印且数量之多超乎想象，在古代戏曲刊刻史上空前绝后。内容包括元代的杂

剧和明代的传奇故事，既有来自民间的传说，也有文人自己的创作，
插图绘制亦有不少著名画家和刻工参与，戏曲插图版画得到了相应的
发展。

　　明代著名戏剧家沈璟编撰的《博笑记》《重校十无端巧合红蕖记》
等戏曲类书籍，并附有精美插图。王骥德编选、主持雕印、附图之事，
注重质量，所以他编选的《古杂剧》中的插图，从绘画、雕印方面看，
都属版画中的上乘之作。（图6.6）明代戏曲版画中《西厢记》影响
最大，代表了明代戏曲版画的一个缩影。

图6.5　《水浒传》徽派版画，黄一中刻　　图6.6　《牡丹亭还魂记》明，汤显祖，万历二十六年（1598），吴兴朱氏玉海堂刊印

明代早期的坊刻戏曲插图讲究图文相对，形式多为上图下文，图是下方文本所承载的演剧内容的反映。到了万历前中期，戏曲插图的位置虽变为夹杂于文本之间，但仍能明显见出舞台演出的痕迹。如建阳失名书坊刻本《新镌女贞观重会玉簪记》之《香阁相思》图中，插图上方有"幽怀暗恨"四字题语，暗示了画面中陈妙常自与潘必正秋江一别后独守空闺的思念幽怨之情，人物情绪传递到位，整幅画面的动作细节非常突出。插图两侧的联语："底事无痕万种相思徒自苦，隔墙有耳一场春梦又人知。"这句话并非出自《玉簪记》原曲，是由刊刻者根据戏曲内容和戏曲情境的导语式概括，进一步说明此出故事所传递的情绪与内涵所在。

戏曲版画创作随着技术的成熟与题材的把握，插图整体布局逐渐疏朗美观，精致秀丽，人物造型突显于画面中间，神情、动作娴雅含蓄，刻工刀法细腻，线条流畅。通过屏风、庭院中的花木树石，营造画面意境，打造空间感。开始注重丰富和装饰画面的需要，常常用大量笔墨来刻画，意在追求插图本身超越剧情之外的美感。进而将插图中人物活动的空间比例缩小，将人物置于广袤的山水景象之间，然后以远景镜头将画面推向远处，降低画作中的叙事性成分，强调行情式的诗意表达。框架内填补的装饰性图案也从早期的单调而重复的花纹转变为变化多端的各色纹饰。

**（四）其他**

明代刊行的《人镜阳秋》（图6.7）、《历代古人像赞》（图6.8）及《列仙全传》《新镌仙媛纪事》《仙佛奇踪》，都是兼具教化与审美功能的人物肖像画合集。明代中期是画院派画家的极盛时期，同期的版画创作也随之活跃，弘治十一年（1498）的《新刊大字魁本全相参增奇妙注释西厢记》和《历代古人像赞》是两部具有重要价值的巨作。此版本为金台岳家刊，版画插图一百五十幅，其中两页联为一幅，三页联为一幅，至五页联为一幅的都有，展开可达3尺余长，版式活跃、多变，构思巧妙。刻印于弘治十一年的《历代古人像赞》描绘了自三皇五帝以来圣明帝王及名志士百余人，人物各具特征，神情生动，人物神态刻画惟妙惟肖。

图6.7 《人镜阳秋》插图，明汪廷讷,明万历二十八年(1600)，汪氏环翠堂刊印

图6.8 《历代古人像赞》，弘治十一年刻印

## 三、各流派的插图风格

### （一）徽派版画

徽派版画发源皖南的徽州，是指徽州刻工在本地刻印或者徽州籍刻工在外地刻印的木版画。州辖婺源、祁门、休宁、黟县、绩溪、旌德等县，自隋代以来徽州地区山多地少，人"多执技艺"，加之山中

多产适于精雕细刻的柘木、梨木和枣木，适于抄制宣纸的檀皮以及适于造墨的松烟，构成了发展雕印书画的良好条件。徽州自两宋时期就有刻书业，如南宋嘉泰四年，徽州知府沈有开刊刻了《宋文鉴》；南宋末年，魏了翁刻印《九经要义》等。至明嘉靖年间，徽州书籍插图刊印异军突起。万历年间，徽州版画无论是数量，还是质量方面，都达到了一个高峰。徽派版画插图，它不仅帮助读者加深对文字作品的理解，也在一定程度上反映了当时人们生产劳动、风俗习惯、人情世态等方面的真实情况。

徽派版画最初的风格粗犷豪迈，如《目连救母劝善戏文》(图6.9)，郑之珍撰，明万历十年（1582）新安郑氏高石山房刻本，半页 10 行，行 24 字，白口。四周单边，框长 20.2 厘米，宽 13.4 厘米。其书中插图首开徽派

图 6.9 《目连救母劝善戏文》插图，明万历十年新安郑氏高石山房刻本

戏曲插图的先河，是徽派早期代表作。它由著名徽派刻书家歙县人黄铤主刀刻版，其主要特点就是方板整齐，横平竖直，而且使用了横细竖粗，插图风格继承了很多传统的版画特点，刀法粗犷，画面明晰，线条遒劲，民俗气息浓郁。《目连救母劝善戏文》插图是徽派插图向刻印精良、线条柔媚、笔法细腻、文雅富丽的风格转变的分水岭。万历之后徽派插图多以白描手法造型，技法上舍弃了大面积的黑白对

比，以线条的粗细、起落、曲直、疏密表现事物的远近空间，体积质量的关系。

汪光华刊印的玩虎轩《琵琶记》（图6.10），背景柳丝飘拂，流水回荡，也有力地衬托出离别时依依不舍之心态，衣纹处理流畅，山石粗劲顿挫，柳干、柳枝通过雕版师点、线、面相结合，反映了他们刻工的精细独到之处。

徽派版画繁荣的核心力量是徽州的木刻家，徽派版画插图留有刻工的名字也是其特征之一。在当时的社会中，刻书艺人

图6.10　《琵琶记》，明汪光华玩虎轩刊印

是没有刻书地位的，但是徽派插图常常在书籍的边框、版心或者插图的一角留有刻工的名字。徽派刻工又以歙县虬村的黄氏最为有名。"徽刻之精在于黄，黄刻之精在于画。"黄氏是中国著名的刻书世家，刻工以刻图版见长。有关专家评论说："黄氏一族所刻书目二百余部，刻工约三百人，见长于作版画插图的百余人，称得起为木刻家的有三十人。如此庞大的创作队伍，无论在中国版画史上乃至世界版画史上都是仅见的。"从《黄氏宗谱》中也可了解到，黄氏刻工从明正统到清道光的400余年的雕印历史中，积累了丰富的经验，并渐成风格。黄氏的刻工大多有一定的绘画基础，因此在与名画家合作时非常得心应手，能准确地表现出画家原作的韵味，有时还能恰当地补充画稿笔触未到之处。黄氏版画的内容涉及小说戏曲、古代尊彝、习武兵法、耕种科技、地理园林等方面，题材非常广泛。制作的版画非常注重对景物的描写，或工致细腻，或简笔写意。如明万历三十四年雕版高手黄镐刊刻的《古列女传》（图6.11），人物形象清秀婉约，线条细

腻柔美，是徽派插图中成熟的作品之一。又如刻版圣手黄鏻等人刻印的《程氏墨苑》，此书插图 400 余幅，堪称名画家与名刻工配合的绝佳之作。黄玉林刊印的《仙媛纪事》插图、黄应光刊印的《乐府先春》，以及后来黄肇初刊印的《水浒叶子》、黄诚之与刘启先合刻的《忠义水浒传》、黄德宠所刻的《图绘宗彝》、黄建中刊印的《博古叶子》等，都以独具匠心的构图方式，栩栩如生的人物形象，巧妙协调的场面和布

图 6.11　《古列女传》插图，明万历三十四年，黄鏐刊刻

景，隽秀流畅的刀法，墨色匀称、对比鲜明而又明暗自然的印工，把版画艺术推向了高峰。

　　安徽休宁人丁云鹏，字南羽，号圣华居士，是明万历年间著名的人物画大师。他创作许多图谱、文学戏曲插图，与徽州著名的黄氏刻工亲密合作，绘刻配合默契，制作出具有代表性的徽派版画。如黄鏻、黄德奇分别刻《养正图解》刊本（图 6.12），黄心斋与黄伯符分别刻《性命双修万神圭旨》本。黄氏刻本《观音菩萨三十二相大悲心忏》以及《泊如斋重修宜和图缘》《泊如斋重修老古图》《方氏墨谱》《程氏墨苑》等均出自丁氏手笔。丁云鹏绘制的《程氏墨苑》，其中复制西洋宗教画《宝象图》（图 6.13），是西洋宗教铜版画的木刻摹本，绘制得精妙入神，成功运用中国木刻画平版雕刻的技法，中国画传统线描，依据原画形象重新组织白描式的形体结构，展现西方铜版画"兼阴与阳写之"的艺术特点，在当时亦是开创中国版画界借鉴西方版画的先

图 6.12 《养正图解》插图，明焦竑撰，明万历十一年，玩虎轩刻本，丁云鹏绘，黄鏻

图 6.13 《程氏墨苑》插图《宝象图》，明万历二十五年，丁云鹏绘制

河。黄鏻等镂刻的线纹，无论是人物衣褶、海水或渔网都很平稳流畅，恰如其分地表达了丁云鹏画稿的原意，丁、黄配合运用中国画及木版雕刻的传统技法，重现风格迥异的西洋画，表现得又如此自然生动，没有生涩呆滞的痕迹。

### （二）金陵版画

金陵派，是指南京及江苏的其他一些地方。明初至永乐十九年（1421）建都于金陵，此为金陵地区版画事业的发展奠定了很好的基础。晚明金陵刻书业繁荣，官刻极盛，民坊发达。张秀民先生在《中国印刷史》中列举有名可考的书肆有 93 家之多，以古本戏曲插图书籍以及画谱、笺谱最为特色。金陵的版画既具有统一性，又在统一性中富有生动的变化。最初的书面插图，都是以单面为主，之后出现双面对页，多面联式。明万历以后，随着杂剧、传奇、小说的迅速发展，雕印版画日渐兴盛，流传至今的大量书籍插图和各类画谱，说明当时版画的用途很广，雕印技巧也有了显著的提高。

金陵版画非常突出的构图特点就是突出人物造型，阳刻与阴刻并用，线条与墨块结合的方式，突出明暗关系。当时金陵的书坊很多，像以刊刻戏曲插图而闻名的富春堂、广庆堂、世德堂、继志斋、文林阁、环翠堂等；以刊刻小说而著名的师俭堂、大业堂、万卷楼、长春堂、汇锦堂、人瑞堂、文秀堂等；以刊印画谱著名的十竹斋等。戏曲插图主要是以数量见胜，风格也丰富多样。

图 6.14　《金童玉女娇红记》插图，明德宣十年，金陵积德堂刊印

早期有宣德十年（1435）金陵积德堂刊本《金童玉女娇红记》（图6.14），共有插图 68 幅，单面连环画式，阳刻中掺部分阴刻，并带有一定装饰性，反映了金陵派早期面貌。万历时期以富春堂、世德堂最负盛名。富春堂刻印的剧目达 30 多种，如《西厢记》《白兔记》，《白兔记》的插图皆为单面，上有通栏标目，画面以人物为主，背景简略概括，形象洗练，比例不甚准确，但动态鲜明，阴刻与阳刻结合，风格古朴豪放，强烈的黑白对比使作品极富木刻韵味。

富春堂历史久远，以出版戏曲书籍而著名，书中几乎都附有精美插图。仅出版的传奇类书就有100多种，如《金貂记》《东窗记》《鹦鹉记》《百袍记》《升仙记》《草庐记》《白蛇记》《分金记》《和戎记》《香山记》《青袍记》《破窑记》《荆钗记》《西厢记》等。作品中的大量插图版画，线条虽较粗犷，但都特别注重对人物脸部表情的刻画。作者吸取了前人利用黑白对比的传统经验，在表现人物的衣带鞋帽、发髻头饰以及景物器皿和砖墙梁柱时大都用墨地，并行施数刀，使印出的阴文产生白线的效果。富春堂插图亦有双页连式，加之刻画人物时多用泼辣刚劲的线条，使得画面极富生气。富春堂所刊各剧，文字板框周边均饰以"田"字形花纹；世德堂所刻诸剧的插图特征均为图上方标以四字，字两侧饰以云纹标记。

金陵继志斋也是刊刻戏曲书籍的翘楚。代表作有《重校千金记》《重校玉簪记》《重校红拂记》《重校五伦香囊记》等。继志斋刊刻的戏曲插图多为双面合页，插图风格与富春堂明显不同。人物造型更加妩媚清丽；背景构图由近及远，由疏到密，淡雅恬静；在插图表现手法上，不再使用大面积的墨色作为近景的衬托，表现明暗关系，也不再使用大字标题，使插图成为独立的艺术作品。

金陵刻本插图另一显著特点就是善于运用图案、花纹极具装饰性的元素来充实画面，弥补空白，使插图画面饱满，层次感强，精致华丽。如明万历年间汪式刊印《环翠堂乐府三祝记》中的插图，文林阁刊印《全像注释四美记》，继志斋刊印《新镌量江记》就是此类手法的典型代表，画面都富丽堂皇，线条纤细流利。

对金陵版画发展做出突出贡献的是环翠堂主汪廷讷，字昌朝，号无无居士，曾官盐运使，家资甚厚，故可筑室广集文士、校刊剧曲、印图画。环翠堂凡刊书印画都不惜工本，故而精妙绝伦。环翠堂制作的插图受到徽派的影响，线条细密，绘刻巧妙，图文奇佳，不仅插图采取单面独幅或者双面合式，插图数量也巨大。所刊《人镜阳秋》，插图近千幅，且又整肃繁密，极费工时。《环翠堂园景图》（图6.15）就是环翠堂典型的代表作之一。画风精密细巧、富丽堂皇，构图得当，是中国版画史上的杰作。

图6.15 《环翠堂园景图》插图，明吴门钱贡画，黄应祖镌，明万历年汪氏环翠堂刻本

### （三）苏州版画

苏州雕印历史悠久，尤以木版画著称。早在宋元年间，就在这里开印了举世闻名的《碛砂藏》。自明万历以后，苏州版画插图吸收了徽州和金陵版画插图的风格，结合自身地域特点，形成了独具特色的苏州版画风格。苏州的出版商对书中插图要求非常高，这也是苏州插图艺术蓬勃发展的重要原因之一。苏州插图的成就主要表现在

诗词谱集、小说方面。明末江南各地的版画风格，趋向统一，苏州一带的版画风格也愈加工细，多呈清秀隽巧之风。明天启四年（1624），由黄光宇镌刻的《新镌出像点板北调万壑清音》、崇祯年间刊本《西游补》《盛明杂剧》及《新镌全像通俗演义隋炀帝艳史》（图6.16）等是苏州版画插图的优秀之作。

　　苏州版画最大的特点是插图的版式采取狭长形或圆形构图，版式新颖，构思巧妙。"月光型"插图最早流行于苏州，是古代插图艺术的一大创新。所谓"月光型"插图就是外方内圆，构图如镜中取影，典雅别致。《墨憨斋评石点石》和《一笠庵新编一捧雪传奇》（图6.17）均为明末月光型插图的代表作。

图 6.16 　《新镌全像通俗演义隋炀帝艳史》

图 6.17 　《一笠庵新编一捧雪传奇》，明，刻本

## （四）杭州版画

杭州在明代商业繁荣，交通便利，又靠近徽州，万历年间，一批木刻家迁往杭州，使杭州版画水平迅速得到提升。这个时期，杭州书籍插图的内容非常丰富。木刻家们根据戏曲、小说、诗词的内容创作了大量的插图，刻工精细。

夷白堂是当时杭州一家著名的书坊，其主任杨尔曾，字圣鲁，号雉衡山人，祖籍浙江钱塘。他本人就是一位颇有学识的小说家，因此，他主持的雕印小说传记，自必精到。他在万历三十七年（1609）前后刻印的《东西晋演义》中的插图，相当精美。在此之前，杭州雕印的《李卓吾先生批评西游记》百回本，有图两百幅，画面怪诞奇谲，刻印精良。

项南洲，字仲华，武林人。他所刻的作品，大都产生在明末清初时期。他与洪国良、洪成甫等合刻过明代散曲类书籍《吴骚合编》中的插图。因为都是当时的雕刻名家，幅幅插图都雕印得精美，此书四卷，图二十二幅，署名项南洲所镌的就有十一幅。他还刻了陈洪绶绘制的《鸳鸯冢》中的插图，传为陈洪绶、高尚友等绘制并为李贽评的《西厢记》中插图，陆斌清绘制的阮大铖撰《燕子笺》中的插图，这些版画的雕印技术，都是高超的，足与徽派名家作品媲美。具有进步思想和高尚人品的著名画家陈洪绶，为了发展版画艺术，在进行插图创作过程中，尽量照顾到镌刻和印刷的特点，适应木刻画的表现能力，曾用简洁明快的笔触，创作了《张深之正北西厢记秘本》（图6.18）中的插图，由项南洲雕镌，成为画家、木刻家珠联璧合的佳作。

杭州双桂堂刊刻的《顾氏画谱》（图6.19），是集历代绘画名家笔意，其中包括所绘各种内容，是研究古代名画家作品的珍贵资料，《顾氏画谱》能将不同画家的用笔特点和绘画风貌尽收谱内。其雕版

图 6.18 《张深之正北西厢记秘本》插图，明崇祯十二年（1639）武林刻本，陈洪绶绘，项南洲刻

图 6.19 《顾氏画谱》插图，明万历三十二年（1604）杭州双桂堂刻本

技术出神入化，线条劲健流畅。证明了雕刻者娴熟而又高超的技术。

杭州风格与徽派一致，如万历三十八年起凤馆刻《元本出相西厢记》都显示出雕技之精微，但也有过于烦琐之弊。

陈洪绶，字章侯，幼名莲子，一名胥岸，号老莲，明代著名书画家、诗人。留居杭州二十年，创作了大量的书籍插图，流传下来有《九歌图》《西厢记》《鸳鸯冢》《水浒叶子》《博古叶子》等五种，都由与他同时代的著名刻工合作完成。他在去世的前一年（1651）曾画过一套四十八幅的"博古叶子"，描绘的内容非常丰富，其人物形象"高古奇骇"，其花鸟器物"沉着含蓄"，而用笔简洁，极宜雕印。（图 6.20）

图 6.20 《屈原》，明，陈洪绶绘

## （五）吴兴版画

湖州吴兴，地接金陵、杭州，举目徽州，这便是吴兴版画吸收诸地优长，很快形成一种隽秀清雅、线条柔媚风格的一个重要原因。天启年间闵氏刻本《西厢记》中《老夫人闲春院》《崔莺莺烧夜香》《张君瑞闹道场》等插图，由杭州的黄一彬镌刻，王文衡绘图。图为单页形式，尽管人物画得很小，但眉目清晰，多以回廊亭榭、山光水色、园林景物来衬托人物内心情感，生动地再现了剧中的情节。

吴兴版画，构图巧妙，虚实相生，更注重线条的韵味。《红梨记》的吴兴朱墨刻本中，有插图十九幅，王文衡画，刘杲卿刻。那描写衣带的洗练长线，极富飘逸感。笔笔线条似一刀刻就，无刀痕，粗细适中，仅此一点，就可看出刘杲卿具有非凡的技艺。

吴兴地区以凌濛初和闵齐伋两家的剧本最为精美，文字都以墨、朱两色分别刻印正文和评语，清晰醒目，而且还附以精美的插图，书坊经营者为了牟利，不惜工本，请高手创稿，名工镂版，花样翻新，形成中国版画史上的黄金时代。

天启年间吴兴凌濛初刊本《西厢记》堪称精美绝伦，共插图二十幅，单面版式，景色所占篇幅大，描绘得很细腻，人物很少，但聚中心，神情和动态都刻画得很生动。

由陈洪绶单独完成的插图本即崇祯十三年（1640）刊本《张深之先生正北西厢秘本》（图6.21）由项南洲刻版，插图5幅：木成、解围、窥简、惊梦、报捷，选择全剧本关键性的情节，而且很注意人物的形象塑造。此本首次采用了套色印刷，极为讲究。画面绚丽多彩，构思也别出心裁，21幅插图首绘莺莺像，时而含蓄，时而隐喻，变化丰富，这些手法都是以前极其少见的，此套版画成为中国版画史上杰出的代表作之一。

第七章　明代印刷美术

图 6.21 《西厢记图》，崇祯十三年吴兴闵遇王刊本

### （六）建阳版画

自宋至明代前期，建阳版画一直以质朴古拙的独特风格沿袭发展着。万历以后，一方面继承了传统，另一方面有了明显的革新。从内容看，前期多是经史之类，后期多是小说、故事、百科大全和戏曲之类。

明后期，福建书肆之多，傲居首位。古之学者多称"闵本最下"，论其书籍所值"其直轻，闵为最"，论其刊印数量则云"闵建阳有书坊，出书最多"。这大抵是指闵本虽多但刊印不善，论其这个时期的插图艺术和雕印技术，却独具特点，有很多值得称道之处。基本的趋势是向着大业、工细、活泼方面发展，不少作品风格甚至影响了其他刊刻中心。

刘龙田是建阳书林中独辟蹊径的佼佼者，他在万历元年于自己的乔山堂刊刻了《古文大全》。其中插图是以狭长形为全页，以粗犷为工致，这一新模式的产生，使建阳地区的版画有了新的契机。此后不久，他又刻印了《登云四书集注》和《重刻元本题评音释西厢记》，在这些大著的插图中，充分体现出了刘龙田的风格。从画面上看，其线条既工致又柔劲，因为注重了人物感情的刻画，使得画面更加生动活泼。

自万历起，各地木刻家依诗词作画，刊印图文并茂的画谱，成了一种风气，有的作品则体现了一个地区最高的雕印成就。

建阳戏曲插图刻本，具有古朴刚健的地域风格，所造剧目也多福建声腔调，如嘉靖四十五年建阳麻沙镇崇化里斜新安书坊所刻的《荔镜记》，即标明"朝泉插科"剧情为陈三与五娘的爱情故事，是闽南一带经久不衰的剧目，此为现存较古之刻本，插图只占上方一小块，画面甚小，情节极简，线条也粗简。至万历以后插图才日趋细致。如万历三十八年（1610）叶廷礼刻本《玉谷调簧》及叶志田刻本《青阳时调词林一枝》等，插图版画有所扩大，或上图下文，或单页图版，线条也具粗细变化，顿挫有力。

### （七）北方版画

由于新安版画风格的影响，大江以南的木刻版画几乎同归于工致甜润的徽派作风，从此版画的地方色彩便不那么明显了。平阳、北京、山东等地的版画，仍保持着固有的粗犷风格。

《便民图纂》（图6.22），万历癸巳（1593），青城于永清作序，图文精细。图为单页方式，上刊"竹枝词"，下为图画，共三十一幅。凡图都是描绘与耕种、蚕织有关的劳作场面，是一部很有价值的书。耕田、布种、下壅、耘田等图都很生动地描绘了人物的动作，劳动用的农具刊刻也甚是清晰。这种描绘劳动场面的图画中画入不少有趣细节，同时也是一份很好的研究版画史的资料。

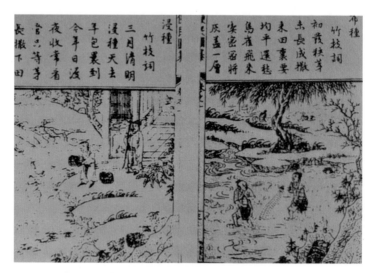

图 6.22　《便民图纂》，万历癸巳（1593）

## 第三节　彩色版画

　　套版印刷术是在单色雕版印刷术的基础上发展起来的，它也是中国人民对世界印刷史上的一项重大贡献。

　　多色套印技术是中国古代伟大的发明，多色套印术源自西汉时期织物印染中的多色印花。马王堆汉墓中出土的金银印花纱，就是使用凸版套印技艺加工而成。唐代的"夹缬"印染，五代的"印染套色"，宋代的"交子"制作，为多色套印技术奠定了坚实的基础。元代出现图书朱墨套印。元（后）至元六年（1340），资福寺刻无闻和尚注解的《金刚经注》是已知最早的雕版彩色套印。到了明代，有双色乃至四色套印的书籍，书籍的多色套印与手抄多色书籍相关。

明代中期印出渐变层次的称彩色印刷，这种印刷其原理是将原稿中的不同色彩，分别刻成印版，然后再逐色套印，最后完成近似于原作的彩色印刷品。

在一块版上用不同颜色印刷文字或图像，称为多色套印。这种套印有两种，一种是每色分别刻版，再逐色套印。另一种是在一版上刷不同颜色一次印刷。套版印刷的发明是印刷术的又一大进步。普通雕版印书，一次只能印出一种颜色，称为"单印"，而用套版方法印出来的书，则具有两种或几种颜色。它是在规格完全一样的几块版面上，分别在不同的部位着上不同的颜色，重复叠印而成，所以叫"套版"，或叫"双印"，这一套技术就叫作"套版印刷术"。用这种方法印出来的书，称为"套印本"。一般双印多用红、黑两种颜色，这样印出来的书，称为"朱墨本"；用三种颜色印出来的书，称为"三色本"；依照用色的多少类推又有"四色本"和"五色本"等。

万历年间，吴兴书商闵齐伋创套版分色印刷。万历四十四年（1616），他主持用朱墨套印刻《春秋左传》15卷，开创印刷史多色套印先河。闵家刻有三色套印本《孟子》，四色套印本《南华经》，以及91卷24册朱墨套印本《史记钞》；凌家有朱墨套印本《管子》，带精美插图套印本《西厢记》《琵琶记》，四色套印本《南华经》。除此之外，闵、凌两家还合刻了朱墨两色套印本《韩非子》和《吕氏春秋》，三色套印本《古诗归》《唐诗归》等。这些书中有专门供读书人学习资料的"四书五经"，也有供市井百姓娱乐的通俗小说。明凌氏刻四色套印本《南华经》（图6.23）。在多色套印中，有一些书竟是朱、墨、黛、紫、黄五色套印，每种颜色代表一家的批注或评点。其版式一般多印四周边框，而无竖直界格，以便于在行字旁套印不同颜色的评点批注。令人惊叹的是每页虽经数版套印，但颜

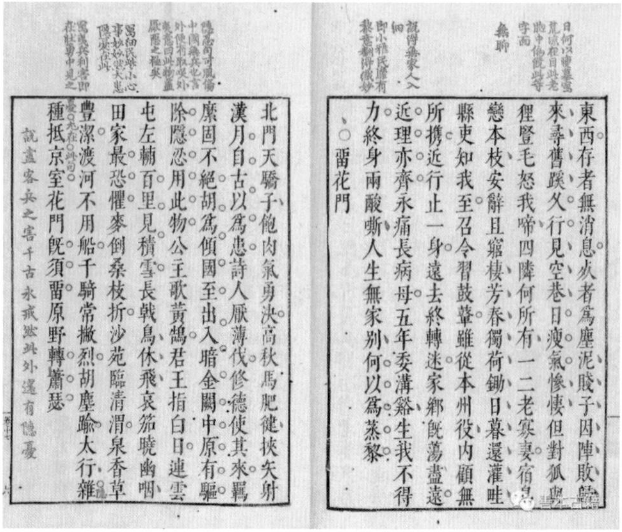

图 6.23 《南华经》

色间却很少斑驳互渗，技术精湛。闵、凌刻书用纸，多洁净白棉纸，印上多色，色彩斑斓，展卷生辉，赏心悦目。

在这种版画艺术高度发展的基础上，套印技术也进入这块园地，像程大约彩色套印的《程氏墨苑》、方于鲁主持编刻的《方氏墨谱》等，是早期经典的多色敷彩套印作品。

《方氏墨谱》是明朝徽州府歙县人方于鲁主持撰制，属明代版画之精品，在中国版画史上占有举足轻重的地位，收录有各种纹样图案300多种，一共8卷，耗时5年。该墨谱由当时名画家丁云鹏、吴羽等人绘制图案，徽派名刻工黄德时、黄德懋等人刊刻，共收录方氏所造名墨图案和造型385式，涉及人物、动物、神话、传说、历史等内容，图版刻画细腻、精致。

《程氏墨苑》（图6.24）作为四大墨谱之一，是明刊墨谱图版最为宏富、成就最高的古版画名作，印制十分精美，套色印刷有首创之功，是中国古代艺术水准最高的墨谱图集。现存《程氏墨苑》中彩印本非常罕见。中国国家图书馆收藏的《程氏墨苑》（图6.25）彩印本是存世唯一一部保存完整的彩印本。书中收入大约500种墨样，墨形有方形、圆形、圭形和一些不规则形状，题材包括山川景物、草木禽兽、佛道祥瑞等。书中有彩色印图55幅，一般采用四色、五色分饰不同的器物、花鸟等。彩印使用的方法是在一块版上将各部分分别涂上不同的颜色，一次印成，这种着色方法对雕刻和印刷的工艺要求很高，与分版彩印只有一步之遥，可以说它是饾版的前驱。

木版水印技术又称古代彩色版画印刷术，是中国传统特有的版画印刷技艺。在印刷史上，除了举世瞩目的雕版印刷术、活字印刷术外，木版水印技术也是中国人民对世界印刷史及中国印刷艺术的一项重大贡献。它集绘画、雕刻和印刷为一体，根据水墨渗透原理显示笔触墨韵，既可用以创作体现自身特点的艺术作品，也可逼真地复制各类中国字画。

图6.24　《程氏墨苑》插图，《天老对庭图》《飞龙在天图》

图6.25　《程氏墨苑》插图

木版水印技术在我国具有悠久的历史。唐代以来，中国雕版印刷几乎完全使用水墨，文图皆黑色。元（后）至元六年（1340）出现朱墨两色套印的《金刚经注》。明代正德（1506—1521）以后朱墨套印被推广，并有靛青印本及蓝朱墨三色、蓝黄朱墨四色、朱墨黛紫黄五色套印本，清代中叶又有六色本。图刻的彩色套印，最初是在一块版上涂几种颜色，如花上涂红色，枝干涂棕色、黄色等，然后覆纸刷印。随着技术的进步，逐渐发展为多色套印技术。如万历年间滋兰堂刻印的《程氏墨苑》，万历刻本《花史》《十竹斋书画谱》等，到天启、崇祯时，当时多才多艺的武英殿中书舍人胡正言、心灵手巧的吴发祥等进一步创造了"饾版"和"拱花"的技法，为雕版印刷，特别是版画艺术开辟了广阔的新天地。胡正言的"饾版"与"拱花"技术，根据画稿笔迹的粗细长短、曲直方圆、刚柔枯润，设色的深浅、浓淡、冷暖及色相的向背阴阳分版勾摹，刻成若干版块，然后对照原作，由深至浅，逐笔依次叠印，力求逼肖原作，精确无误，达到乱真的程度。

"饾版"，是将彩色画稿按不同颜色分别勾摹下来，每色雕刻一块小木版，然后依次套印或叠印，最后形成一幅完整的彩色版画。这样的作品，其色彩的深浅浓淡、阴阳向背，几乎与原作无异。北京荣宝斋的木版水印，就继承并发扬光大了这种技法。

"拱花"，就是用凹凸两版嵌合，使纸面拱起鸟类的翎毛、大自然的山川、天空的行云、地上的流水、庭院的雕栏、室内的几案等，富有立体感，使人看去更觉真实、自然。这种技法的特点，就是使印纸拱起花纹，所以称为拱花。将这两种技法结合在一起运用，就称为"饾版拱花"。蜚声中外的《萝轩变古笺谱》（图6.26）、《十竹斋笺谱》（图6.27）及《画谱》用古妍绚丽的色彩，明快流畅的

图 6.26　《萝轩变古笺谱》　　　　图 6.27　《十竹斋笺谱》拱花印
　　　　　　　　　　　　　　　　　刷品

刀法，精湛自然的饾版拱花套印技术，在中国版画史上独树一帜，引导版画艺术向新的境界发展。

明代吴发祥刻印《萝轩变古笺谱》，堪称我国古代拱花木刻彩印笺谱之首，是中国早期木版彩印精品。它也是我国传世笺谱中年代最早的一部。笺谱由明代颜继祖辑稿，吴发祥刻版，分为上、下册。上册有颜氏自撰小引三页，目录列画诗、筠篮、飞白、博物、折赠、雕玉、斗草、杂稿，共计八目；下册八目，分别为选石、遗赠、仙灵、代步、搜奇、龙种、择栖、杂稿。据《金陵通传》记载，吴发祥寓于金陵（今南京），刻此谱时四十八岁，书成于天启六年（1626）。

胡正言（1584—1674），字曰从，号十竹，原籍安徽休宁，寄居南京鸡笼山侧。中国明代末年书画篆刻家、出版家。尝从李如真攻六书之学，于是篆、隶、真、行，简正矫逸。因庭院中种翠竹十余竿，故名"十竹斋"。胡正言热心经营木版水印和出版事业，以其本人及时贤名家创作的字画作品，用饾版、拱花技艺辑印《十竹斋书画谱》（图6.28）。万历四十七年（1619）开刻，天启七年（1627）完成，崇祯六年（1633）又汇集成册。与崇祯十七年（1644）刊行的《十竹斋笺谱》，同属艺术珍品。

图 6.28　《十竹斋书画谱》花图

　　《十竹斋书画谱》是中国流传较旱、较广的画谱，明万历天启刻馆版套印，包含书画谱、竹谱、兰谱等，共 160 幅。它是以"馆版"印制成的具有教材性质的画册，融诗、书、画、印艺术为一体，是木版水印史上的鸿篇巨制，有"画苑之白眉，绘林之赤帜"之誉。有胡正言创作，也有吴彬、米芾、赵孟頫、唐寅、文徵明等人的作品。刻制之精，堪与绘画媲美，是印刷美术史上的代表作。

　　《十竹斋笺谱》，中国明代末年版拱花木刻彩印的画集。胡正言辑印，崇祯十七年（1644）刊行。有九龙李于坚、上元李克恭序文。共 4 卷，卷一有"清供""华石""博古""画诗"等 72 种卷二有"胜览""入林""无花""凤子"等 77 种。卷三有"孺慕""棣华""应求""闺则"等 72 种；卷四有"建议""寿征""灵瑞""香雪"等 72 种。

　　万历四十年（1612），黄冕仲在《诗馀画谱跋》中提道，汪氏不惜耗费重金，请著名文人绘图、誊词。题名为《春恨》的词的本文便是由明末的书画名家董其昌（1555—1636）挥毫而成："一曲新词酒一杯，去年天气旧亭台。夕阳西下几时回。无可奈何花落去，似曾相识燕归来。小园香径独徘徊。"右侧有依据词句内容所描绘的图画。按照"一曲新词酒一杯，去年天气旧亭台"的内容，描绘了一个凉亭，以及放置的酒壶与酒杯。"夕阳西下"这句仅能凭借想象，但画中人或许正面对西方，在视线的彼端应是即将西沉的夕阳。按照"无可奈何花落去"的内容，人物的左侧画有若干花木。燕子因过于微小而难以描绘，或许在凉亭上有筑巢的燕子，并落入了画中人的眼底。而"小园香径独徘徊"正是画中人物的模样。《诗馀画谱》将此首词的作者标示为李景，但这首词一般被认为是晏殊的《浣溪沙》。《诗馀画谱》中共收录了这样的图画 97 幅。

## 第四节　明代木版年画

在民间，年画就是年文化的一种表现。年画的内容丰富，重要的主题是祈求平安、吉祥。年画的特点与艺术风格也各不相同：古朴稚拙的河南朱仙镇年画，充满市民趣味的杨柳青年画，粗犷朴实的山东潍坊年画，充满乡土气息的河北武强年画，细腻工整的桃花坞年画，色彩浓艳的四川绵竹年画等。这些年画展现了地域特色，呈现出多姿多彩的艺术风貌。这些年画充满了浓郁的生活气息，表达了劳动人民对审美的追求。

年画则是以一种民间化、大众化、群体化的态势表现出劳动人民真情实感的展示。集体性是民俗文化中一个明显的特征。这也体现了劳动人民集体意识较强的文化精神。年画正是这种文化精神的表现。可以说，年画表现的是一个群体的真实情感，用发自内心的炽热情感歌颂生活，赞美生活。

明代版画插图的兴盛为年画的发展奠定了基础。如苏州傅汝光刻印的《便民图纂》中的《耕织图》，可视为民间年画艺术的范本。明末的木版年画传世最多的是《寿星图》，如庆隆六年蒋三松作的《南极星辉图》，画中的仙翁皓首苍颜，手握葫芦，身披花团锦袍，在民间非常受欢迎。天津杨柳青、开封朱仙镇、河北武强、苏州桃花坞、四川绵竹等都有专门刻印年画的店铺，这一切说明在明代已经有了一支专门向大众印制年画的队伍。

## （一）杨柳青木版年画

杨柳青木版年画（图6.29）产生于元末明初，当时有一名长于雕刻的民间艺人避难来到杨柳青镇，逢年过节就刻印门神、灶王售卖，镇上的人争相模仿。到了明永乐年间，大运河重新疏通，南方精致的纸张、水彩运到了杨柳青，使这里的绘画艺术得到发展。杨柳青年画继承宋、元绘画传统，吸收了明代木刻版画、工艺美术、戏剧舞台的形式，采用木版套印和手工彩绘相结合的方法，既有刀刻木味，又有手绘的色彩斑斓与工艺性。因此，民间艺术的韵味浓郁，富于中国气派。杨柳青年画取材广泛，诸如历史故事、神话传说、戏曲人物、世俗风情以及山水花鸟等，通过寓意、写实等多种手法表现人民的美好情感和愿望，尤以直接反映各个时期的时事风俗及历史故事等题材为特点。明代杨柳青作坊遗留下的年画作品《孝行图》，作品题材取自汉代及之后的画像石刻，这些图像绘制精彩，堪称年画的代表作。

杨柳青年画的艺术特点是多方面的，形成其艺术特点的条件也是多方面的，其中较为突出的则是表现在制作上。杨柳青年画的制作程

图 6.29　杨柳青年画

序是创稿、分版、刻版、套印、彩绘、装裱。前期工序与其他木版年
画大致相同，都是依据画稿刻版套印；而杨柳青年画的后期制作，却
是花费较多的工序于手工彩绘，把版画的刀法版味与绘画的笔触色调
巧妙地融为一体，使两种艺术相得益彰。可以分别画成精描细绘的"细
活"和豪放粗犷的"粗活"，艺术风格迥然不同，各具独特的艺术价值。

### （二）桃花坞木版年画

　　桃花坞木版年画是中国江南主要的民间木版年画。桃花坞位于江
苏省苏州市以北。桃花坞年画源于宋代的雕版印刷工艺，由绣像图演
变而来，到明代发展成为民间艺术流派。桃花坞年画，主要有门画、
中堂和屏条等形式，其中门画可谓集历代门神之大全。桃花坞年画，
系用一版一色的木版套印方法印刷出来，工艺精美，一幅画要套印
四五次或十几次，有的还要经过"描金""扫银""敷粉"等工序。
在色彩上，有桃红、大红、蓝、紫、绿、淡墨、柠檬黄等色。在艺

术风格上，桃花坞年画构图丰富，色调艳丽，装饰性强，富有浓郁的生活气息。在人物塑造、刀法及设色上，具有朴实、稚拙、简练、丰富的民间美术特色。

桃花坞年画的印刷兼用着色和彩套版，构图对称、丰满，色彩绚丽，常以紫红色为主调表现欢乐气氛，基本全用套色制作，刻工、色彩和造型具有精细、秀雅的江南民间艺术风格，主要表现吉祥喜庆、民俗生活、戏文故事、花鸟蔬果和驱鬼避邪等民间传统审美内容。

年画中的门神在明代之前名目众多，如天王、药叉、勇士等，到了明代门神有了新的定义：秦琼、尉迟恭两位唐代将军。

### （三）杨家埠木版年画

杨家埠木版年画（图6.30）是一种流传于山东省潍坊市杨家埠的传统民间版画。杨家埠木版年画始于明代。明代洪武年间，杨家埠木版年画已初具工艺基础。明代隆庆二年（1568）以后，杨家埠先人先后创立了恒顺、同顺堂、万曾城、天和永四家画店。其作品重喜庆、浓彩、实用，多反映理想、风俗和日常生活，构图完整匀称，造型粗壮朴实，线条简练流畅。根据农民点缀生活环境的实际需要，主要有大门画、房门画、福字灯、美人条、站童、爬童等，具有浓厚的民间风味、乡土气息和节日氛围。杨家埠木版年画题材广泛，表现内容丰富多彩，有神像类、门神类、美人条、金童子、山水花鸟、戏剧人物、神话传说等，同时也有反映民间生活、针砭时弊之作，但喜庆吉祥是杨家埠年画的主题。诸如吉祥如意、欢乐新年、恭喜发财、富贵荣华、年年有余、安乐升平等，像亲人的祝福、好友的问候，构成了农民新春祥和欢乐，祈盼富贵平安的特点。"巧画士农工商，妙绘财神菩萨，尽收天下大事，兼图里巷所闻，不分南北风情，也画古今轶事。"杨家埠年画主要内容包括六大类，即过新年、结婚、

图 6.30　杨家埠木版年画

农忙等风俗类，年年发财、金鱼满堂等大吉大利类，门神、财神、寿星、灶王等招福辟邪类，包公上任、三顾茅庐、八仙过海等传说典故类，打拳卖艺、升官图等娱乐讽刺类，三阳开泰、开市大"鸡"、四季花鸟等瑞兽祥禽及花卉风景类。

**（四）叶子、纸马、牌记**

关于酒牌叶子起源的说法有很多种，其中最被认可的是叶子戏出现于唐代。《宋朝事实类苑》中就写道："唐人藏书，皆作卷轴，其后有叶子，其制似今策之，凡文字有被检用者，卷轴难数绢舒，故以叶子写之。"叶子的产生其实是因为在唐朝以前的书籍都是卷轴式，翻阅起来极其麻烦，唐朝人为了方便阅读就开始用绳和纸等材质做成叶子的形式，因为叶子的功能很像赌博中的骰子，又被称作"骰子格"。后来人们在闲暇时间就用这种叶子做一些文字游戏，慢慢定下规则，形成了体系。酒牌叶子到了宋朝一度失传，直到明朝才渐渐焕发生机，成为当时流行的游戏。万历年间，酒牌叶子的发展有两个重要的原因。第一是以陈洪绶为首的绘画大家加入酒牌叶子的创作，出现了《水浒叶子》《博古叶子》等大量制作精美、图样考究的作品，加之安徽黄氏刻工高超的技艺，绣梓印刷，他们"从事刻书行业，刻了很多版画专集和书籍插图，对传播我国古代文化艺术有不朽的功绩"。正是这些刻工把明末的版画推向了一个高峰，叶子戏才在明末大量流传开来。第二是叶子戏的玩法通俗易懂，颇为有趣。酒牌叶子在制作工艺、表现类型、艺术水准、大众审美等方面成为当时社会大众最为喜爱的艺术作品和游戏工具，其影响深度和传播范围远超前代，达到了史无前例的高度。有些人认为酒牌叶子属于文人雅士的游戏，他们出于对仕途的悲观和人生的失落，参与饮酒行乐中去，所以具有一定的背景和文化内涵。因此，士大夫饮酒文玩肯定和市井小民的饮酒行乐有着一定区别，士人深受中国儒家学说入世的影响，即便仕途不顺也难以放弃以天下为己任的胸怀，但在残酷的现实面前唯有遁入甘醴佳酿，寻找精神上的寄托。从万历年间开始，出现了大量的酒牌叶子，像《酣酣斋酒牌》、《水浒叶子》（图6.31）《博古叶子》这些酒牌叶子都成了中国古代版画史上的浓墨重彩。《中国古代木刻画选集》中郑振铎先生花了大量笔墨研究酒牌叶子。书中提道："明末，还出现了不少长方形的供给叶子戏用的厚纸做成的种种叶子，其上必绘刻种种成套的故事或景象，也都刻得甚是精良。"

此外，还有像《婴戏叶子》《戏曲图叶子》等。这些作品虽为木刻画里的小品，却也是吴杭一带艺人的精心之作。此项供叶子戏使用的叶子是用厚纸板做的，其上施以木刻的图画。这些图画往往是成套的，像《百子图》《西游记》《水浒叶子》等。《酣酣斋酒牌》

中国印刷美术史

146

最早由路工于安徽屯溪发现。此牌之画工以及刊刻年代无法详考，仅知刻工为黄应绅，郑振铎据此推断当刻于明万历年间。与之前的叶子牌相较而论，此牌的图案构成有两点进步是明显的。有的属于室内空间构图，有的采用了"一河两岸式"或"河岸平台式"，有的构图亦可认为是"一河两岸式"的变体，多利用平直的栏杆来构筑画面空间的层次感。

以纸为币，用纸马以祀鬼神。后世刻版以五色纸印神佛像出售，名曰纸马。或谓旧时所绘神像，皆画马其上，以为神佛乘骑之用，故称"纸马"。

明代"纸马"中，万历十年刻印的《十殿阎王》图版，该版长30厘米、宽153厘米，图刻"平等大王""都市大王"等13尊神像，各位大王服饰、造像各不相同。刻工精细，构图严谨，比例和谐。

牌记又名木记、书碑，相当于现代图书出版物的版权页，指在书的卷末，或序文目录的后边，或封面的后边刻印的图记。常常镌有书名、作者、镌版人、藏版人、刊刻年代、刊版地点等。牌记原指题有文字的板状标志，如布告牌、招牌、门牌等。古代官府用作凭证的小木板或金属板也称牌记。所以牌记具有广告与书籍版权的作用。宋代的牌记造型相对简单，款式大方，至明代牌记的形式开始丰富，除了更具有版权意识之外，设计上也更加注重美观。如明弘治五年（1492）建阳进德书堂刻印《玉篇》牌记（图6.32），设计精美，犹如书的封面，上方醒目刻印的欧体字"三峰精舍"，结构工整对称，人物刻画细腻生动，是极为少见的牌记精品。

图 6.31　《水浒叶子》图，明　　图 6.32　《玉篇》牌记，明弘治五年
陈洪绶绘制　　　　　　　　　　（1492），建阳进德书堂刻印

## 第五节　书籍版式及字体设计

### 一、字体

　　明代在印刷字体上最大的特点是宋体字的形成。宋体字发端于宋代，至明代，这种字体跳脱了传统楷书的模式，成为独立的印刷字体。明正德末年（1521），出现横平竖直、横轻竖重的仿宋字，成化年间（1465—1487），宋体字在全国推广，分为粗体、中粗体、细体等几种字体。这种字体在当时又称为"匠体字"，最大的优点是作为

专门用于印刷的字体，便于刻工掌握，既可提升字体的美感与规范性，又可提高效率。明万历年间（1573—1619）是宋体字的黄金时代，名家名匠不断精益求精，最具代表性的是万历二十五年（1597）汪光华玩虎轩刻本《琵琶记》（图6.33）一书。该书使用了粗细两种字体，结构严谨，字体端方典雅，既有充满秩序感之美，又便于阅读，特别是细体在使用过程中，字体偏长，是明代刻本中较为少有的。

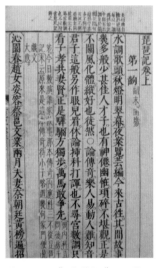

图6.33　《琵琶记》，明万历年间，汪光华玩虎轩刻本，宋体字

与手写体相比，宋体字能在版刻书上作为主要字体，具有蓬勃生命力的主要原因有以下几点。

第一，印刷宋体字便于走刀、易于雕刻。采用名家的字体写版的书，固然珍贵，但要求写字刻字精雕细琢，否则很容易失去名家字体的风味，东施效颦，其价值反而一落千丈。宋体字是一种机械图案式的字体，写和刻都不存在字形失真的问题，这就允许刻工按照自己最方便的雕刻刀法去生成字形，而且宋体字笔画的布局和笔形装饰都便于走刀。

第二，宋体字有利于印刷。木质的印版在印量过大时会有版面缺损的情况，最严重的当数掉笔画。手写字体的雕刻，笔画的弯曲游走往往会留下许多细微刀伤，成为印版损坏的隐患。宋体字的笔画平直，刻刀随笔形转弯的比率，比手写字体小得多；再加上宋体字的竖画有意粗壮，使得印版寿命提高。再者明代万历以降，书坊逐利，用黑煤粉代替墨汁印书，笔画粗壮的宋体字容易着墨。

第三，宋体字有利于阅读。宋版书上存在着肥体和瘦体两种字体风格。肥体笔画粗壮，相应笔画间空隙较小，再加上结字宽大，字与栏线间的空隙也小，给人一种版面密密麻麻、黑乎乎一片的感觉。瘦体清爽悦目，但笔画太细导致印版寿命较短。而宋体字利用了汉字横笔画多于竖笔画的特点，将笔画较少的竖笔加粗，而横画细一些，综合地解决了笔画间隔、字与栏线的间隔、笔画宽度与印版寿命的关系以及笔画宽度与着墨不均匀程度等一系列印刷工艺和阅读适性的问题，因而最终发展成为印刷字体的主要形式。

## 二、版式

明代书籍的版式延续了宋元以来的传统风格，但也具有自身的特色与创新。在版框上，以上下单边，左右双边为主。还创新使用了雉堞形花边版框。中缝主要使用单鱼尾与双鱼尾为主。标点符号，明代的刻本中开始使用如"。"等标点符号，以方便更好地阅读。（图6.34）印刷美术与其他艺术形式最大的区别在于它是"复制的艺术"。明代印刷美术的特征主要表现在技术与艺术的结合以及雅与俗的结合。

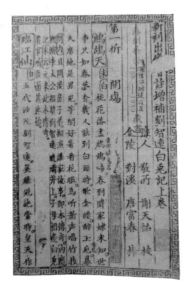

图 6.34　明万历年间刻本中的花
纹版框与标点

　　技术与艺术的结合，是指印刷产品在生产过程中，技术性与艺术
性相辅相成，有机结合。在中国传统制作技艺中，大多存在"重技轻艺"
的现象。因为这些技术所生产的产品有明显的实用性功能，以及"技
艺"一词所带有的阶层性区隔，使其艺术性被"遮蔽"。但是印刷技
术及产品却属例外，这便是印刷产品的双重性。印刷产品除了满足实
用性目的以外，它的精神属性表现得非常突出，那就是产品必须具
备满足人民精神与审美生活的需求。因此在印刷产品生产的过程中，
审美与艺术设计如书籍装帧、插图绘画等已经成为生产的独立环节，
并决定着生产质量的好坏。这就需要技术性与艺术性必须有效、紧密
结合，达到形与质，内容与形式的完美统一。这一点在明代印刷美术
中表现得尤为突出。

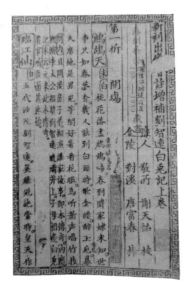

印刷技术中艺术与技术的关系是一种相互性的关系。印刷技术与印刷艺术是相辅相成的，印刷的艺术需要技术的支持与发展，而印刷技术也需要印刷艺术的理念不断完善，互相合作，以完美地表现。印刷技术为其艺术提供了形式多样的表现感觉，印刷艺术的发展也为技术的进一步提高开辟了革新路径，是一种高层次、新理念的追求。艺术的思维与情感的表达建立在技术发展与进步的基础之上，技术的功能表达又为艺术的多样性提供了条件。木版水印这种纯手工印刷工艺有勾（分版）、刻（制版）、印（印刷）等基本工艺程序和刻、剔、揎、描等特殊技巧，它以笔、刀、刷子、耙子、国画颜料、水等工具和材料为基础，以追求复原传统书画的艺术形态、笔墨、神采为目的。勾描：由画师担任此项工作。第一步先分色，把画稿上所有同一色调的笔迹划归于一套版内，画面上有几种色调，即分成几套版。刻版：这是木版水印的第二道重要工序，即把勾在燕皮纸上的画样粘贴在木版上再进行雕刻。雕刻者除依据墨线雕刻外，还须参看原作，细心领会，持刀如笔，才能把原作的精神和笔法传达得惟妙惟肖。印刷：这是木版水印画的最后一道工序，分版刻成后，依次逐版套印成画。印刷使用的纸（或绢）、墨、色等材料和原作材料完全一致。技术水平的提升，是技术与艺术相结合的保障。同时也有利于通过印刷的方式将艺术家的创作展现得淋漓尽致，达到画家与雕刻家合作的珠联璧合，造就了明代印刷美术的辉煌。画家在作画时考虑到版画的特点而调整自己的线描，刻手在操刀施刻时也注意保留画家的风格与技法。如《顾氏画谱》，记录了自晋朝顾恺之，一直到明朝的孙克弘、王廷策等人的丰富多彩的画法和创作风貌。新安黄凤池手辑的《集雅斋画谱》，提供了山水、花鸟等各方面的画法与技法。《诗馀画谱》出于徽派名工之手，一图一词，相映成趣。著名画家陈老莲画的《九歌图》《鸳鸯冢》等，更给明代晚期的版画增添了无限光彩。又如胡正言辑印《十竹斋书画谱》，广交名人时贤，全谱序、画、诗作者或书法题写者，多达一百五十余人。谱中所辑作品大多是由当时名家如吴彬、倪瑛、魏之克、米万钟、吴士冠、文震亨、高阳、高友等创作的，也有二十多幅画稿是临摹自赵孟頫、唐寅、沈周、文徵明、陆治、陈道复等著名书画家的。全谱书法篆、隶、行、楷诸体皆备，最多的还是晚明文人流行的行草。这些书迹，大都兼有晋、唐、宋书家的风韵，亦可为后人所借鉴。

　　文人在印刷创作中的深度参与，则体现出了"化雅为俗"的新美学趋势。由于商品经济的刺激，为了在竞争中获得优势地位，书坊的经营者开始聘请当时著名的文人人物肖像画家为所要刻印的书籍画插图，文人士大夫的观念发生了改变，文人画家为书籍配插图成为普遍现象。明代著名的人物画家据记上官伯达、戴进、吴伟、杜堇、郭诩、周臣、唐寅、仇英、尤求、宋旭、丁云鹏、崔子忠、陈洪绶、萧云从等都为书籍画过插图。这些由著名书画家设计创作的人物故事画，相比于书画作品的流传要广泛得多，虽然其作品经过了工匠的雕刻，画面已不如图画来得生动，但其人物形象的勾画线条和神韵却被保留下来了。明代书坊刻印的画谱，更是对中国传统绘画题材、技法等内容的传达起了重要的推动作用。刻印的画谱是画家的样稿。如明万历三十一年，杭州武林双桂堂刊刻明朝画院《历代名公画谱》，选辑唐至元明画家顾恺之、张僧繇、阎立本等相关作品。每幅都细摹精刻，为一部图文并茂的中国绘画史。中国传统书画艺术的介入又为印刷技术的发展提供了方向，储备了人才。印刷技艺的从业者与其他领域的技术从业者最大的区别在于，无论是写版还是刻版的工匠都需要具备艺术素养，掌握基本的书法、绘画、雕刻等技能。而掌握这些技能的途径，是对中国传统书画、雕刻艺术的学习以及与中国文人、士大夫、画家、书法家的合作过程中，对审美能力与技术技法进行训练与提升。

精英审美与大众审美通过这个复制的艺术进行了结合，在这个"化雅入俗"的美学新趋向中，一方面，传统的"雅"的原则和旨趣被"俗"吸纳了——它们仍然保存着"雅"的样态，但是它们传达的是"俗"的精神；另一方面，"俗"中心化了，它成为价值选择的基点，它不仅不需要借"雅"立足，反而是因为与"雅"对峙，而具有价值。在印刷审美中，充分体现了这种雅与俗的结合：雅俗共赏、化雅为俗的审美特征。

第八章

清代印刷美术

　　清军入关以后，满族的统治政权逐渐确立并稳定。经过康熙、雍正、乾隆几代人的努力，清代成为多民族共存、地域广阔的封建王朝，社会的政治、经济、文化都有较大的发展。它们直接或间接地影响这一时期的印刷以及印刷美术的发展，并为它们的发展提供了各方面的保障。

　　清朝政府对待文人采取高压和怀柔政策，他们一方面残酷镇压反清志士，另一方面大力收买笼络汉族知识分子，对知名学者给予优厚的待遇，推崇程朱理学，大力提倡科举制度。在这样的背景下，清朝的出版事业有了较大的发展，无论是印刷的种类、数量，还是刊刻印刷的技术水平，都大大地超过了前朝。印刷技术的提升使印刷美术作品在技法与种类上都更加丰富。清政府组织的创作与民间创作共同铸就了清朝印刷美术的篇章。

　　清代印刷处于古代印刷与现代印刷交替的时期。清代大部分时间使用的是中国传统印刷技术，清代末期西方印刷技术传入中国，随着新技术的应用，曾经的刊刻印刷形式更加多样化，有铜版印、石印、铅印、套色印刷等。版种的丰富，刊刻内容的多样，使清代的印刷美术作品有许多创新。报纸、期刊等印刷品进入百姓的生活，年画的制作更加广泛。另外还有文集、诗集、修纂的儒经、典志、正史、会要、纲目、方略、类书、字典等，以及大量著名学者的学术著作。

　　清代的印刷美术作品丰富多样，是印刷美术发展的重要时期。

# 第一节　清代木刻版画

在清代印刷美术作品中，木刻版画是大宗。木刻版画技术在唐代逐渐成熟后，历经宋、元、明的发展，到清代达到新的高峰。无论宫廷还是民间都有大量木版画制作，且制作精良，富有特色。

## 一、清代内府木刻版画

清代内府版画在朝廷雄厚财力的支持下，再有大量技艺精良的艺术家的参与，刊刻印制了许多质量上乘，刻印精美的印刷美术作品。清代内府木刻版画由宫廷任职的画师手绘后，再由侍奉于宫廷的雕刻高手朱圭、梅裕凤等人刊刻。

内府木刻版画内容多描绘客观事物，如宫廷建筑、宫廷礼仪、宫廷器物、宫廷盛典、山水风景、风土人情、行宫苑林、市镇寺庙、科技文物、战争场面等，因此它具有重要的史实文献资料价值。宫廷内府木刻版画中，有的是以图版绘画为主的图书绘画作品，有的是以文字为主的图书插图作品，文字无论是木活字还是铜活字，其插图都为木刻材料创作。这些内府木刻版画，它们都具有绘画精美、刊刻精良、纸质细腻、墨色饱满、装帧考究等特点。

清代内府版画中有描绘康熙寿辰盛大庆典的《万寿盛典图》，有描绘行宫承德避暑山庄的《御制避暑山庄图诗》，有描绘农业生产的《耕织图》《御制圆明园四十景诗图》《新制仪象图》《南巡盛典图》《西巡盛典》等，这些艺术创作主要是清政府粉饰太平，宣扬文治武功的版画。

《万寿盛典图》虽是《万寿盛典》一书中的插图，但它是以图版为主的版画，描绘了康熙六十华诞，即康熙五十三年（1714）三月十八日，庆祝寿辰的盛况，于1717年刻成。自唐代开元后，皇帝的生日称为"万寿节"。《万寿盛典图》由宫廷画师宋骏业、王原祁和冷枚等人共同绘制完成。《万寿盛典图》中城外部分由宋骏业绘制，城内自西直门到景山部分由王原祁和冷枚等人绘制，再由刻工朱圭刊刻，最终完成。

宋骏业（？—1713），字声求，号坚斋、坚甫，江苏长洲（今苏州）人。善书画，尤其喜好山水。王原祁（1642—1715），字茂京，号麓台、石师道人，江苏太仓人，王时敏孙。官至户部侍郎，以画供奉内廷。冷枚（约1669—1742），字吉臣，号金门画史，山东胶州人，焦秉贞弟子。善画人物、界画，尤精仕女，笔画精细，生动有致。宋骏业、王原祁和冷枚三人是《万寿盛典图》的主创艺术家。

刻工朱圭，字上如，别署桂笏堂。江苏苏州人，善绘画，是清初著名的雕版能手。其刊刻的版画刀法细腻，准确生动。康熙年间曾在宫廷内府任职，任鸿胪寺序班，刊刻了诸多内府版画。其中他手刻图版有《凌烟阁功臣图像》、《无双谱》（金史绘）、《耕织图》（焦秉贞绘）、《避暑山庄诗图》（沈喻绘），这四种图版是我国清代印刷美术作品中的珍品。

《万寿盛典图》全图总长60多米，共120卷，此图位于书中41卷、42卷，共计148页，为双面连式。第41卷是自畅春园至西直门，第42卷是自西直门至神武门，共计50处。图中描绘了万众欢腾、普天同庆的康乐景象。其中一景《江南十三府戏台》（图7.1）描绘了江南十三府，在路上搭建了华丽的戏台，戏台位于画面下方，戏台上还有精彩的祝寿戏，戏台的对面是挂满彩灯的游廊，游廊前站满了大小官员和百姓，他们在跪迎路中央的祝寿马队。画面疏密有致，线条劲健流畅。另一幅《直隶织图游廊》，艺术家巧妙地用一长排游廊和长长的围墙，将画面分成上、中、下三部分。在长排的游廊中布置了耕田、播种、施肥、插秧、车水等农业生产活动。这样的安排显示了康熙对农业生产的重视。《万寿盛典图》长卷中，描述了多种事物景观，有山水、人物、花卉、动物等，都刻画得十分细致精美，堪称印刷美术史上的杰作。

《南巡盛典》是记录乾隆四次南巡活动的重要历史文献，于1771年刊行。全书120卷，十二门中，有四门，都绘有插图。在"名胜"门中有插图156幅（均为双面连式），描绘了从直隶卢沟桥到浙江绍兴兰亭，各地名胜129幅，各地行宫27幅。其中《栖霞行宫图》（图7.2）描绘的是南京栖霞山上的乾隆行宫，行宫位于龙山和中峰之间，依山势而建。画面中的栖霞行宫身处山峦与绿树的环抱与掩映中，行宫平直的线条与山石树木细密弯曲的线条形成鲜明的对比，从而凸显行宫的气势。《惠山图》（图7.3）中，精致细腻地描绘有600多年的洪武古银杏树，以及树旁的惠山寺大雄宝殿等。《南巡盛典图》"名胜"门中的作品，艺术家采用十分详尽的写实手法，真实地再现了这些名胜的面貌。

图 7.1 《万寿盛典图》之《江南十三府戏台》　　图 7.2 《南巡盛典图》之《栖霞行宫图》

图 7.3 《南巡盛典图》之《惠山图》

康熙曾以热河三十六景作为诗歌的主题，命宫廷画家沈喻将其绘成画册，由朱圭和梅裕凤据此镌刻成木刻画，即《避暑山庄诗图》（全名《御制避暑山庄三十六景诗图》），并在 1713 年印制完成。沈喻，字玉峰，清宫廷画家，擅长山水、花卉，用笔遒劲有力。其绘制的《避暑山庄诗图》，场景气势十足，山水纹理不失法度，线条疏密有致，长短曲直变化丰富。配合朱圭和梅裕凤精雅的刻制，在画家风格的基础上进行再创造，展现出清代较高的木版画水平。

还有《钦定授时通考》《皇朝礼器图式》《律吕正义》《数理精蕴》《历象考成》《墨法集要》等图书中，也有大量的精致的木刻版画。被称为古代农业百科全书的《钦定授时通考》，成书于乾隆七年（1742），由鄂尔泰、张廷玉等人编纂而成，它是清朝第一部大型官修综合性农业书籍，全书共有 78 卷，约 98 万字。书中汇集历代农业著述，内容十分丰富，书中涉及"天时""土宜""谷种""功作""劝课""蓄聚""农余""蚕桑"八部分，并配插图 512 幅。其刻绘特征是工整、精致、规矩的殿版风格，画面中富有生活情趣的内容与农业主题相辅相成。

《皇朝礼器图式》成书于乾隆二十四年（1759），是记载典章制度和衣冠服饰以及卤簿仪仗等器物的政书，制作精致富丽，其中插图是由宫廷画家门应兆、冷枚、章佩瑜、余鸣凤、刘墉、苏廷楷等人绘制完成。全书共有十八卷，分为六类：祭器、仪器、冠服、乐服、卤簿、武备。每一幅图绘制得都很精准，并在左边配有解说，以说明器物的尺寸、质地、纹样等内容。

另外，清政府还刊刻了官修地理、方志书，其中著名的版画有《皇清职贡图》《皇舆全图》《皇舆西域图》《盛京舆图》《黄河源图》等。大型类书、丛书《大藏经》《古今图书集成》《钦定武英殿聚珍版丛书》中的插图，其绘画、刊刻、印刷等都达到了很高的水平。清代光绪年间印制的《养正图解》也是木刻版画中的佳作。这些精美的木刻版画堪称宫廷版画的精品。

其中大型类书《古今图书集成》博采各类典籍进行编排，是一部供人们查阅、引证、辑佚的工具书，全书为六编，三十二典。此书插图非常丰富，共计达 6400 余幅。其中山水插图、草木禽兽插图、人物插图具有较高的艺术水准。"山水典"中《庐山图》（图 7.4）描绘了江西九江长江边上的庐山。作品采用对角线式构图，庐山占据画面左上近一半的面积，浓墨渲染，右下方宽阔浩荡的江面上千帆竞发，从而形成鲜明的疏密对比。《小孤山图》（图 7.5）中的小孤山位于安徽段长江中，好似圆锥髻的小孤山被安排在画面中间，四周宽阔的江面上，数只帆船迎风而行。画面左下角和右上角平缓的山坡与画面中间高耸的小孤山形成强烈的对比。《龟山图》中的龟山，因山的外形似一只巨龟而得名，古称冀际山，位于湖北武汉。画面中龟山占据了大约三分之二的面积，显示了龟山的高大。登上龟山山顶便可望见滚滚长江和清清汉江水。这些版画很显然从中国传统山水画中吸取了经营位置的特点与笔墨线条的韵味。"草木典"中大约有1000余幅插图。"禽虫典"中有500多幅插图。草木图和禽虫图属于实用之图，刻画工整精致，艺术性上逊色于山水图。"方舆汇编边裔典"中绘有各少数民族人物和外国人物插图202幅，其人物刻绘的形象精细逼真，线条婉转流畅。《古今图书集成》中精美的印刷美术作品为我们提供了古代文物、艺术、科技、制度、风俗等多方面的形象资料。

图7.4 《古今图书集成》之《庐山图》 图7.5 《古今图书集成》之《小孤山图》

　　清乾隆三十八年（1773），管理刻书事物的大臣金简在得到乾隆的许可后，开始制作枣木活字摆印书籍，众多书籍合为《钦定武英殿聚珍版丛书》。《钦定武英殿聚珍版程式》是其中的一种，它是中国历史上第一次由国家颁布木活字排版印刷的版式标准。书中详细介绍了木活字制作及印刷技术，配有雕版插图十六幅，将造木子、刻字、字柜、槽板、夹条、顶木、中心木、类盘、套路、摆书、垫板、校对、刷印、归类、逐日轮转办法（附轮转摆印课程）等各项分列条目。其中《成造木子图》（图7.6），用图像描绘了木子制造过程。

画面采用 C 形构图模式，四名工匠分别在刨木板、加工木条、将木条分成木子，还有一人手捧盛满木子的盘子，画中工匠辛勤地劳作，如实生动地记录了制造木子的过程。

《摆书图》中，画家以观者的视角从室外看室内工匠，从字柜取出木活字，送至靠窗桌案前的一组人，他们将木活字按照书稿摆成书版。工匠之间相互对视，言语交流。艺术家以流畅的线条将工匠劳作的画面跃然纸上。

《养正图解》（图 7.7）刊刻于光绪二十一年（1895），被称为宫廷版画的最后之作，绘画中人物造型准确，线条流畅，刊刻精细，属于印刷美术作品中的上乘佳作。

图 7.6 《钦定武英殿聚珍版程式》中《成造木子图》　图 7.7 《养正图解》

清朝宫廷内府版画从构图绘画，到刊刻印刷装潢，都达到了很高的水平。它是在明代版画基础上的延续发展，是清代印刷美术的重要组成部分。

## 二、清代民间木刻版画

清代印刷美术作品中，民间木刻版画也十分盛行，其涉猎内容非常广泛。民间木刻版画有较细致的题材分类，人物、山水、书籍插图等，再有大批画家的参与，使清代民间木刻版画呈现繁盛的局面。

### （一）画家参与的木刻版画

清代许多著名画家积极投身于版画创作，他们往往与刻工合作共同完成。艺术家们首先创作画稿底本，再由著名刻工雕版镌刻。参与木刻版画的画家有萧云从、刘源、上官周、改琦、费丹旭、任熊、金史等人。

刘源，字伴阮，河南祥符人，能诗文，擅书画，人物、山水、竹石皆能。官至工部侍郎。刊刻于康熙七年（1668）的《凌烟阁功臣图像》是由画家刘源绘制，朱圭镌刻的优秀的人物画作品。《凌烟阁功臣图像》沿袭汉魏以来的传统题材，是对国家有功之臣的褒奖。

《凌烟阁功臣图像》绘制了唐代功臣长孙无忌、秦叔宝（图7.8）等人形象，每一位人物形象刻画都十分传神，刊刻线条纤丽精致。在人物侧面有人名和略传，对其进行简明扼要的介绍，字体是隶书和楷书相结合，文字娟秀而工整。图像背面临摹了蔡邕、颜真卿、黄庭坚、文徵明等人题句为之赞，后面还附有观音、关羽等人物。众多的人物形象各具特色，都极为生动，服饰器物也剪裁得当，堪称是清代印刷美术作品中的精品。

萧云从（1596—1673），字尺木，号默思、无闷道人，安徽芜湖人。姑孰画派创始人。幼而好学，擅画山水，兼工人物。绘《太平山水图》《江山览胜图卷》《归寓一元图》《闭门拒额图》等。

刊刻于顺治二年（1645）的著名版画有《离骚图》，共有图64幅，

其中"九歌"9幅，"天问"54幅，三闾大夫、卜居、渔夫合为1幅。《九
歌图》中"东皇太一"（图7.9）是祭祀日神的乐歌。画面上方是男
巫扮的太阳之神，乘着龙辀从东方而来，插在龙辀上的云旗随风飘荡。
画面下方描绘的是天子带领臣子前来朝拜的景象。"山鬼"（图7.10）
就是山神，画中山鬼是一位美女，她乘坐着赤豹，身穿薜荔衣裳，
腰系罗裙，眼神流盼，面带微笑，徐徐而来。画面中人物造型准确，
形象传神，点缀景物，刊刻的线条遒劲酣畅，如屈铁盘丝。《天问》
是屈原写的一篇独特瑰奇的长诗，诗中提出了关于宇宙、天文、地物、
人文、史实、神话传说等诸多问题。"应龙画河海"（图7.11）讲
的是大禹在治理水患时有应龙来相助的故事。图中大禹乘坐在应龙身
上，紧张地注视着山洪，山下洪水翻腾撞击着山峰，整个画面紧张而

图 7.8　《凌烟阁功臣图像》秦叔　　图 7.9　《离骚图》东皇太一宝

图7.10（ 《离骚图·九歌》
山鬼图，顺治二年（1645）

图7.11 《离骚图·天问》应
龙画河海，顺治二年（1645）

又动感十足。《离骚图》由萧云从完成绘画创作后，还有歙县汤复进
行精细的雕刻印刷制作。其刊刻很有神韵，眼睛、嘴角在挑剔中展现
了对象的本色，颇具神采，黑白相间的画面木刻味十足。

　　刊刻于顺治五年 （1648） 的《太平山水图》被称为清代印刷美
术的巅峰之作。山水画在唐以后得到迅速发展，成为中国传统绘画中
的主流，清代木刻版画在山水画发展的基础上也有很好的表现，出现
许多山水名胜图，《太平山水图》就是重要的山水名胜图之一。《太
平山水图》由萧云从绘画，汤尚、汤义、刘荣镌刻，画面中为安徽
太平府所属当涂、芜湖、繁昌三地山水名胜，以写生为主，运用诸
家之笔法，笔触细腻，画面具有幽远之意趣，忠实而传神地再现了
画家原作的神采。《太平山水图》是济南张万选请托萧云从绘制的，
全图共有43幅，其中太平山水全图1幅，芜湖14幅，当涂15幅，

繁昌 13 幅。每幅作品各不相同，各具特色，引人入胜。每幅图还配有名家的诗作，作品中文与图相配，展现了创作者对家乡深厚的情感。

《太平山水图》中的《白纻山图》（图 7.12），描绘的是当涂一带的山水。题有王安石的诗句："白纻众山顶，江湖所萦带。浮云卷晴明，可见九州外。……登临信地险，俯仰知天大。……"画面的沉郁壮丽与诗句相得益彰，画面中层峦叠嶂的山峰与郁郁葱葱的松林间掩映着一座古寺，近景中曲折的山径上是樵夫忙碌的身影，远山绵延着伸向远方。山石繁复的皴擦在刻工的刀下很好地保持了画家的精神。《望夫山图》（图 7.13），题有李白诗句："颙望临碧空，怨情感离别。江草不知愁，岩花但争发。云山万重隔，音信千里绝。春去秋复来，相思几时歇。"望夫山占据了画面中间位置，伸向江心，妻子登山望夫，化为石头，这浓烈的情感让我们浮想联翩。《三山图》描绘的是繁昌一带的风景。画面清雅优美，三山的线条干净劲健，干枯的柳树和松树让我们感受到冬的寒意。《雀儿山图》描绘的是芜湖一带的山水，画面大胆采用菱形构图，近景中的树枝和假山，与远景中绵延的山峦两端相衔接，中间大面积留白。假山、地面、远山采用不同的皴擦，以及墨色浓淡的变化，从而拉开三者之间的距离。

图 7.12　《太平山水图》之《白纻山图》

图 7.13　《太平山水图画》之《望夫山图》

《太平山水图》使雕版印刷技术进一步逼近墨迹本，使它成为清代重要的印刷美术作品。

上官周 （1665—1752），字文佐，号竹庄，福建长汀人。他学识渊博，擅长诗、书、篆刻。其绘画艺术造诣深厚，擅长人物、山水。

《晚笑堂画传》是他最有名的一部作品，对后世产生了很大的影响，被鲁迅先生大力推崇。《晚笑堂画传》刊刻于乾隆八年（1743），上官周已是78岁高龄，他将心中积存了几十年的心愿和经验付诸创作中。《晚笑堂画传》中刻画了汉高祖等120位历史人物。自汉至魏晋、唐宋元明以来的明君哲后、将相名臣、忠孝节烈、文人学士、山林高隐、闺媛仙释之流。其中《陶渊明像》（图7.14）出神入化，画出了人物的内心。

图7.14 《晚笑堂画传》中《陶渊明像》

陶渊明清闲、随意、朴实的隐士形象呼之欲出，其表情深沉，眉宇紧锁，透露出他的思考和感慨。《西楚霸王像》中西楚霸王手舞双剑，表情凝重，劲健的线条勾勒出西楚霸王的勇猛。《汉高祖像》中从汉高祖坚定的目光中可以看到他的淡定与睿智，艺术家以流畅的线条表现出长长的须髯与宽大的衣袖，一起随风飘举。这些人物经过精心构思，用白描方法描绘，用笔稳健有力，形象塑造奇葩，身形比例合乎法度。因此，《晚笑堂画传》在绘画、刊刻、印刷方面，堪称是清代印刷人物画中的佳作。

改琦（1773—1828），字伯韫，号香白，又号七芗、玉壶山人、玉壶外史、玉壶仙叟等，松江（今上海市）人。创立了仕女画新的体格，与费丹旭并称"改费"。其仕女画衣纹细秀，敷色雅致，形象清新脱俗，没有脂粉气。《红楼梦图咏》是改琦创作的优秀人物画作品。

最早的《红楼梦》插图本是刊刻于乾隆五十六年（1791）的程伟元本，共有 24 幅。人物形象与刊刻受清代初期宫廷殿版画的影响，拘束而工整。

被后人称道的《红楼梦》插图是改琦绘画创作的版本《红楼梦图咏》，绘成于嘉庆二十一年（1816），刊行却在六十多年后的光绪五年（1879）。其中共绘制人物 67 人，人物图像 50 幅。改琦运用线条的虚实刚柔、浓淡粗细来体现不同物体的质感。《红楼梦图咏》中的《宝琴像》（图 7.15），画家运用流畅的游丝描，刻画出站立在雪地上，由身后一位手捧梅花瓶的丫鬟衬托的冰清玉洁的薛宝琴。其中的《黛玉图》，改琦将黛玉置身于潇湘馆

图 7.15　《红楼梦图咏》中《宝琴像》

内茂密的竹林中，将心高气傲，却又孤独飘零，寄人篱下的形象呼之欲出。其中的《史湘云像》，史湘云醉卧在青板石凳上，旁边繁茂的芍药花和假山，映衬出开朗豪爽、不拘小节的一位有个性的姑娘。《红楼梦图咏》画面刊刻精细，刀法纯熟，线条流畅，很好地诠释了原作的精神。

费丹旭（1802—1850），字子苕，号晓楼，又号环溪生、环渚生、

三碑乡人等，浙江湖州人。道光时期费丹旭绘制的《东轩吟社画像》（图7.16），是反映清代江浙一带民间文学团体的活跃。图像中描绘了27位东轩诗社社友群像，其人物姿态各异，有人抚琴，有人捻须聆听，各个神态怡然，眉宇间的细致刻画，展现了人物不同性格，其刊刻线条流畅柔劲，山石皴擦层次分明，体现了江浙木刻的特点。

任熊（1823—1857），字渭长、不舍，号湘浦，浙江萧山航人。其绘画风格别具风貌。他创作的插图作品有《剑侠像传》《列仙酒牌》《于越先贤像赞》《高士传图像》。其中《剑侠像传》分四卷，共有插图33幅。书中人物多是寓言中的人物，在任熊笔下他们的形象都极为夸张、生动，富有个性。《剑侠像传》中的《兰陵老人舞剑图》中，人物笔法圆劲，线条流畅。画面中老人手持七把长剑，舞于庭中。布满皱纹的脸上表情专注，飘逸宽大的衣服罩着他轻盈灵活的四肢。刊行于清咸丰四年（1854）的《列仙酒牌》是由任熊绘画，蔡照初刊刻。虽然是饮酒助兴的工具，任熊依然非常严谨地创作了48幅人物画，逐一注释饮酒法则。其中《刘政》《陈抟》《邓伯元》等人物画的构图十分考究。在《刘政》（图7.17）一图中，任熊运用繁密的线条刻画人物形象，刘政宽大的衣袖飘举着，口吐的雾气向上盘卷着、蒸腾着，地面繁密的线条微微涌动着，整个画面有一股内在的气韵流动着，其线条的刀法和笔意和谐统一。《于越先贤像赞》分为两卷，每卷40人。人物造型奇瑰，变化颇多。其中《谢安像》中，谢安端坐圆凳之上，表情严肃，神情专注地弹奏古琴。《高士传图像》中，任熊完成了26位高士的形象，且各个人物栩栩如生，呼之欲出。

图 7.16 《东轩吟社画像》　　　　图 7.17 《列仙酒牌》
　　　　　　　　　　　　　　　　中的《刘政》

金史，字古良，又字射堂，号南陵，擅长人物画。康熙时期金史绘制的《无双谱》，刻画了 40 余位历史人物。其中《国老狄梁公》描绘了唐朝重臣狄仁杰扭转身体，眼神笃定，其形象刻绘精细，栩栩如生。

还有，陈洪绶创作的画稿《张深之正北西厢记秘本》，是由武林的项南洲刊刻完成的木刻版画。吴铭创作的画稿《白岳凝烟》，共计 40 幅，是由休宁的刘功臣刊刻完成的版画。

大批优秀画家的参与，与精良绝世的刻工合璧，使这一时期印刷美术作品从绘画还是刀工、印刷技法上都有卓越表现，他们既有传统优秀技法，又创造了新的风范，创作了一大批清代印刷美术力作。

**（二）书籍插图中的木刻版画**

清代的民间版画，还大量地出现在小说、戏曲等书籍的插图当中。

明清时期小说发展迅速，在小说刊印过程中，配有大量插图，这些插图版画在不大的画幅中，构图别具匠心，人物刻画传神，器物刻画细致。这一时期优秀的小说插图有《东西汉演义》《东西两晋志传》《唐书志通俗演义题评》《西游真诠》《隋唐演义》《封神演义》《平妖传》《玉娇梨》《水浒后传》《红楼梦》等。其中《隋唐演义》中的插图刻于1684年，由赵澄绘制，王祥宇、郑子文手刻。全书有一百多回，插图也有一百多幅。其中《清夜游昭君出塞》《驰令箭雄信传名》等作品，刻画得精细入微。《封神演义》刊刻于1695年，百回章节中有百幅插图，其中《穿云箭哪吒趁武》结构奇幻，刀刻得十分有力。《西游证道奇书》刊刻于1750年，17幅精美的插图描绘出孙悟空与天兵天将斗智场面，布置奇丽，是小说插图中的珍本，也是清初印刷美术作品中的优秀作品。清后期的小说因为用铅印出版，不用木版刻图，多无插图。只有《红楼梦》《镜花缘》等沿用雕版印刷插图，刻制得也很细致。

戏曲书籍有《秦楼月》《桃花扇》《长生殿》是清代康熙十八年（1679）绘制完成。朱素臣所作的《秦楼月》中有7幅插图，分别讲述了吕贯和陈素素在经历了悲欢离合后终成眷属的故事。在扉画上有"七十五叟顾云臣摹"和"鲍承勋镌"的刊记，说明插图是清初山水人物画家顾见龙（字云臣）绘画的，画面清新精密。与《桃花扇》《长生殿》的插图同为精品。《长生殿》中《定情》（图7.18）的插图中，描绘唐明皇赠予杨贵妃定情信物。二人在画面前方，身后月亮

图7.18 《长生殿》插图《定情》，清康熙十八年（1679）

门区隔开近处的客厅与卧房，体现出房屋的纵深空间，月亮门大大的弧线与圆桌的弧线、落地烛台与圆桌上的烛台圆灯罩相呼应，使画面中的线条丰富多变，人物神态传神。

《鸳鸯梦传奇》《扬州梦传奇》《琵琶行》《笠翁十种曲》也是这一时期传奇戏曲插图的优秀作品。其中《笠翁十种曲》是李渔将自己创作的《风筝误》《凰求凤》《比目鱼》《怜香伴》等十个剧本合称《笠翁十种曲》，从而出版发行。《笠翁十种曲》中有版画插图72幅，它们刻画精美，构图形式多样，有单面圆式构图，有方式构图，其线条刊刻简洁利落。《笠翁十种曲》在明末清初刊出后传遍天下。这些插图的刻工不仅有鲍承勋，还有蔡思璜、王君佐等人，他们精良的刊刻技艺，为印刷美术作品增添了光彩。

另外，传记故事类书籍也有附插图的精刻本。《古圣贤传略》《百孝图说》《列女传》是介绍中国古代妇女事迹的传记性史书。明版本的《列女传》是明代万历年间安徽汪道昆根据西汉刘向编撰的《列女传》编写的，刘向版的《列女传》每一篇都配有版画插图，插图是由明代画家仇英等人绘制的画稿底本。清代乾隆四十四年（1779）知不足斋在明版本的基础上印刷完成了此刻本。《列女传·姚里氏》(图7.19)中，画面构图均衡，人物形象刻画细腻。画家利用城墙的折线将画面右上角分为城墙以外，左下部分为城墙之上，线条变化丰富，圆点、直线、曲线，线条之间的疏密形成鲜明的对比。

除了小说、戏曲、传记之外，诗文集中也有大量插图。清康熙三十年（1691）刊刻了释大汕的诗文集《离六堂集》，释大汕主持广州长宁庵，精通诗文、书画。诗文集《离六堂集》中共有34幅大汕的插画，描绘了他的生活。如《观象》《说法》《遨游》内容的僧人生活；还有《读书》《作画》《雅集》的文人生活等，并由朱圭雕

图 7.19 《列女传·姚里氏》，清乾隆四十四年（1779）知不足斋刻

刻完成。雕刻家朱圭运用精湛的刊刻技艺将大汕的形象展现给大众。这些插画作品线条流畅，刀法纯熟。文集采用前图后文的形式，在每幅插图的后面都有描述插图的名家诗词。《观象》图是其中之一，画面中大汕位于中下方，仰头背对观者，左手拿拂尘，右手指天，四周大面积留白，只在左上方有篆书"观象图"题识。空静的画面中，禅意自然地流露出来。画背面的书法中，点画俯仰开合，生动有致。

插图中还有以一个庭园，一地胜迹作为创作内容的木刻作品。

1840 年刊刻发行的《文园十景》、1860 年刊刻发行的《桂林山水》、1889 年刊刻发行的《峨山图说》都是对景的写实之作，还有《天台山全志》《扬州名胜图说》《莲池书院图咏》《汪氏两园图咏》《西湖十景》等。其中《西湖十景》采用近景、中景、远景三段构图法，其中《曲院风荷》图中，中景的亭台楼阁，穿插环绕的树木，描绘的细致繁复，近景用整齐横向的波浪纹刻画水波不兴的湖面，远景高低起伏的山峦，向两边绵延。

# 第二节　清代彩色版画

## 一、彩色木刻版画

中国彩色木刻画创作，在世界上是最早的，它是清代印刷美术中较具特色的艺术创作。早在元代印行的《金刚经》（1340）就已经使用朱墨两种颜色套印了。明代末期印发的《今古舆地图》也是使用了朱墨两种颜色。明代万历刊刻的《程氏墨苑》是我们已知最早的彩色木刻版画，在程大约尝试后，文人士大夫们开始用彩色来印刷"诗笺"。在印刷技术不断地改进中，饾版彩印技术被发明了。胡正言刊行的《十竹斋书画谱》和《十竹斋笺谱》奠定了彩色木刻版画的基础，是中国印刷美术史上的重要成就。胡正言，字曰从，上元人。他经营出版事业，刊刻过很多书，还造笺，治印，其艺术成就颇高，饾版套印和拱花技艺的完善，胡正言功不可没。

《十竹斋书画谱》是明末胡正言编印的一本书画册，供人们鉴赏、临摹学习，原刻本非常精美。画谱共有八集，每集装两册，装帧形式采用蝴蝶装。十六册中每一幅画都精美清隽。《十竹斋笺谱》在技术上较《十竹斋书画谱》更进一步，拱花技艺在这里被大量使用。《十竹斋笺谱》里的内容也更为丰富，表现方法更加灵活清空，脱尽俗套。

《十竹斋笺谱》有四卷，共有图279幅，其中第一卷62幅，包括"清供""博古""奇石""画诗""隐逸"等，其中波花云影是用"拱花"法印出来的。第二卷七十七幅，包括"龙种""凤子"胜览""雅玩""无花"等，其中"凤子"的八幅作品展现了种种蝴蝶的飞翔之态。第三卷七十二幅，包括"棣华""应求""闺则""敏学""尚志"等，

图 7.20 《十竹斋笺谱》的《汉阴丈人图》，明崇祯十七年（1644）刊本

图 7.21 《十竹斋笺谱》的《耕莘图》，明崇祯十七年（1644）刊本

画面用象征法，以一两件器物代表全部故事和人物，如写季札解箭，就只画宝剑，这种画法极具创造性。第四卷六十八幅，包括"建义""寿征""灵瑞""文佩""香雪"等。每一幅画都着墨不多，而神韵已跃然纸上。"隐逸"中画的《汉阴丈人图》（图7.20），是依据《庄子·外篇·天地第十二》中孔子高徒子贡南游，路过汉阴时见到一丈人抱瓮在凿燧中取水灌溉圃畦而不肯利用机械取水的故事而创作的。画面中汉阴丈人双手抱瓮，步履坚定，人物神态生动。《耕莘图》（图7.21）是依据《孟子·万章上》中伊尹在成为商朝宰相之前耕于莘野的典故进行创作的。画面简约，没有人物出现但很有意境，一顶草帽和一把犁却能让人见物生情。清空脱俗的审美特点使笺谱被文人所钟爱。

随后，《殷氏笺谱》（约1650）、《萝轩变古笺谱》（约1670）也相继刊印，其刊印技法则是学习了胡正言的刷印方法。

饾版套印是一种用木刻套版多色叠印的印刷方法，在清代得到了很好的发展。顺治时期刊刻的《本草纲目》《三国演义》中的插图，康熙时期刻印的《西湖佳话》中的插图，乾隆时期刻印的《古歙山川图》，苏州地区刻印的《西厢记》，都是采用这种彩色套印技艺创作的美术作品。

《耕织图》（图7.22）自南宋画家楼璹创作后，受到历代皇帝的推崇，清代康熙南巡时有感于农夫、织女的辛苦，于是下令刊印反映农桑种植的专著《耕织图》。它是清代殿版插图书籍中运用彩色套印制版的书，于康熙三十五年（1696）由内府刊刻完成。它是根据我国古代以绘画形式记录耕作与蚕织的系列图谱绘制而成的，《耕织图》由画家焦秉贞绘图，朱圭、梅裕凤镌刻，刊刻十分精致。焦秉贞，山东济宁人，康熙年间任钦天监五官正，擅画人物山水，参以西洋画法。绘制《耕织图》时，焦秉贞就吸收了西洋绘画的透视方法。《耕织图》共创作图46幅，"耕图""织图"各有23幅。作品生动描绘了耕种、插秧、收割、入仓、浴蚕、采桑、练丝、织布、成衣等

图7.22　《耕织图》，清康熙三十五年（1696）内府印本

劳动过程。画面中人物、房舍、树木、动物、田地等刻画十分细腻，细节传神，绘画、镌刻、印刷都达到了较高水准。每幅图都配有康熙帝题御制七言绝句诗一首。清初《耕织图》出版后，又出现了木刻本、套印本、彩绘本、石刻拓本、墨本、石印本等。

《芥子园画传》是用饾版彩色套印工艺印制完成的一部画谱。在清代印刷美术中，有着重要的地位。《芥子园画传》在李渔的支持指导下完成，李渔的女婿沈因伯聘请画家王概及其两个弟弟王耆、王臬，在已有的明末画家李流芳的43幅画稿的基础上补绘完成，共计133幅。此书以李渔在金陵的别墅"芥子园"命名为《芥子园画传》。

《芥子园画传》共有三集，第一集（图7.23）在康熙十八年（1679）印制，第一集画传有五卷，"画学浅说""树谱""山石谱""人物屋宇谱""模仿各家画谱"。第二集在康熙四十年（1701）印制，为《兰》《竹》部分。在第二集中，还有钱塘诸曦庵、王蕴庵参与绘制。第三集在康熙四十一年（1702）印制，为"草虫""翎毛""花卉"以及"设色浅说"。

嘉庆二十三年（1818），又增补第四集，但与前三集已无关系，内容主要是写真秘传，有仙佛图、贤俊图、美人图等。

《芥子园画传》是中国印刷美术史上的一部力作。自印制完成后，给后来学习绘画的人起到示范的作用，同时，它对中国传统艺术也是一次很好的总结与提炼。其刻版和印刷工匠，以刀代笔，以帚作染，精工细制，使绘、刻、印三者有机结合，在刻绘、印刷方面都十分精美，使之成为一部彩色套版印刷艺术珍品，传播十分广泛，对后世产生深远影响。

清代拱花技术是指在白纸上有某些形象不用颜色来表现它们，而是将凸版放在纸下面，然后用木槌敲打使其成为浮雕的样子。乾隆时

图 7.23 　《芥子园画传》第一集，清康熙十八年（1679），
王概辑

期，苏州的丁亮先、丁应宗，把采用饾版印刷的花鸟画，再用拱花技术，
印在白纸上，精致的线条和绚丽的色彩，成为彩色印刷美术作品中的
精品。

　　采用饾版和拱花技术的笺纸，是清代十分盛行的彩色套印技艺。
著名的有《诒府笺》《殷氏笺谱》，笺纸的品类有花鸟笺、人物笺、
蔬果笺、草虫笺、山水笺、彝器笺、瓦当笺、玉石笺等，饾版技艺
就这样被延续下来。在民国时期，虽然有欧洲印刷技术的冲击，荣
宝斋依然坚守传统印刷技术。荣宝斋沿用明清时期发明的彩色木刻
套印工艺，并将此技术发扬光大。1934 年，受鲁迅、郑振铎的委托，
荣宝斋重新刊刻印刷《十竹斋笺谱》《北平笺谱》。其中《十竹斋笺谱》
共四册，册一有"清供""博古""华石""画诗"等，册二有"胜览""无

花""入林""凤子"等，册三有"孺慕""应求""棣华"等，册四有"灵瑞""寿征""建议""香雪"等。《北平笺谱》是以张大千、齐白石等现代书画大家的名作为内容，采用特制的水纹纸印刷而成。他们继承传统雕版印刷、发挥彩色木刻套印工艺，使荣宝斋彩印技术得到升华，成为我国木版水印工艺的传承者和集大成者。

## 二、民间木版年画

年画最早是绘画创作，雕版印刷出现后，年画运用雕版技艺逐渐发展成为印刷美术作品中的木刻版画，它在民间广泛流传，是老百姓生活中最为流行的一种艺术形式，其印刷数量之大，销往地区之广，题材涉猎之多，令其他印刷美术作品难以企及，因此年画成为清代印刷美术作品中的大宗。新年的时候，家家户户会把年画张贴于门上、室内墙壁上作为装饰，在辞旧迎新的时刻，年画为老百姓增添喜庆的气氛，令老百姓生活充满生机。因为年画只是每年新年的时候张贴，所以称为年画。

年画的题材都是老百姓喜爱的，大致可以分为以下几类。第一类是神佛像，有门神、观世音菩萨、厨神等，在欣赏艺术的同时还有着宗教信仰的成分，并希冀吉祥、向神佛祈求驱邪除灾。第二类是吉祥画，有《百子图》《麒麟送子》《五子登科》等祈求多子多福的愿望，还有《岁朝图》《迎喜图》等新年伊始的欢乐图景。第三类是都市生活画，有《庆春楼》《万年桥》《三百六十行》等描绘繁华的城市，熙熙攘攘的众多人物。第四类是风景画，有《西湖十景》等将名山胜迹收于画面。第五类是故事画。第六类是人物画。如美人与儿童是老少皆喜欢的内容。第七类是花卉动物画，第八类是风俗画，表现民间生活以及讽刺和幽默。在众多题材中，人物画是年画偏爱的题材。

年画的色彩是浓厚的、鲜明的、丰富的，且多是用彩色木刻套印方式刊印。

年画起源于远古时代的原始宗教，在汉唐文化发展中孕育，历经宋、元、明、清各朝代逐渐发展起来。年画几乎与木刻同时出现的。最早有实物可考的是五代时期《大圣毗沙门天王像》等单帧印制的佛像，这样的佛像是供信仰佛教的善男信女们在家里供养所用，虽然不是正式年画，但与年画性质相似，可以认为是年画的早期形态。

到北宋时，京城就有卖印制的门神。现在可考的最早的年画是明代被带到日本的"姑苏版"年画。另外，甘肃黑水城出土了《义勇武安王位图》和《四美图》，《义勇武安王位图》是为宗教信仰者供养所用的神位，《四美图》则是老百姓喜闻乐见的人物题材。

清代年画题材逐渐广泛，并扩大到反映社会生活的内容，有花鸟鱼虫、仕女、婴戏、历史故事等老百姓喜闻乐见的内容，寄托了老百姓对生活的美好祝愿，增加节庆欢乐、喜悦、祥和的气氛，因而更加受到老百姓的喜爱。

年画的制作要经过画稿、勾线、木刻、制版、印刷、彩绘、装裱等工序，需要一个团体的人互相协作共同完成，因此在清代出现了一些区域性的年画制作特点。清代年画遍及南北各地，而以产量多，印制精美，且有特色的年画，有苏州的桃花坞年画、天津的杨柳青年画、山东潍县的杨家埠年画、四川的绵竹年画、河南的朱仙镇年画和广东的佛山年画。

桃花坞是苏州北部的一条街，这里早在明代就已是版刻中心，并出现了木版年画。清代康熙年间这里已经发展到50多家年画作坊，每年生产年画上百万张，作品销售范围广泛，浙江、江苏、山东、安徽等地均有销售。这里成为与杨柳青并驾齐驱的南北两大年画印制中心。桃花坞有名的画铺有张星聚、张文聚、魏鸿泰、吕云林、墨香斋、陈福顺、春源、姚正合、王荣兴、吴太元、鸿云阁等。桃花坞具有较高的年画制作水平，著名的画师有墨浪子、墨林居士、桃坞主人、陈仁柔、丁应宗、金春顺等人。高水准画师的参与提升了年画的创作水平。桃花坞年画在尺寸上，纸幅可以达到110厘米×60厘米；在色彩上，擅长运用粉红、粉绿等既鲜艳又雅致的色彩，并多以红、黄、蓝、绿等色作为基本色调，使套印中获得精致的色彩。在绘刻手法上，还出现了吸收铜版画和西方绘画中透视画法，例如《全本西厢记图》年画就运用了西洋透视画法，绘刻得精丽。在题材上，桃花坞年画中还有老百姓喜闻乐见的传统题材，如《百子图》《麒麟送子图》等。

《百子图》年画中画有100名天真活泼的儿童在庭院中嬉戏，放风筝、荡秋千、斗蟋蟀等，以此寓意子孙繁盛、多子多福。还有滑稽年画《无底洞老鼠嫁女》（图7.24），老鼠形象滑稽可爱，用许多情节共同组成画面，画面上方还以文字填满画面的空白处，使构图饱满。另外还有戏画，如《梁山伯与祝英台》《西厢记》等。桃花

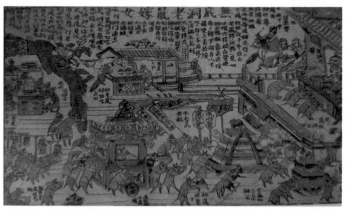

图7.24　《无底洞老鼠嫁女》，清代桃花坞年画

中国印刷美术史

182

坞年画《众神图》（图7.25），是集民间信仰众神为一体的中堂年画，又被称为"神轴"。画面中众神共分五层，第一层为如来佛、太上老君、孔夫子；第二层是观世音菩萨；第三层是玉皇大帝；第四层是关公；第五层是天、地、水三官，两侧为文武财神和城隍、土地诸路神明。每一层人物之间有祥云将他们自然地隔开，彼此间又浑然一体。如此众多人物，气势恢宏又壮观。苏州桃花坞年画对周围的扬州、南通、安徽芜湖、上海等地产生较大影响，其画作甚至流传至日本，促进了日本浮世绘的发展。例如扬州年

图7.25 《众神图》，清代桃花坞年画

画在桃花坞年画的基础上又开发出许多新形式，有堂幅、屏条、灯片、门画等。上海年画在保留桃花坞年画特色的基础上，还加入石印风格。

　　杨柳青位于天津西部，杨柳青年画创始于明朝万历年间，清代时逐渐兴盛，成为中国北方年画重镇，是北方最早从事雕版印刷年画的地区之一，印制了大批优秀作品。杨柳青年画精致细腻，制作过程有画、刻、印、描、开脸等工序。它主要采用套色木版印刷，后经加工填色，在人物脸部和衣饰部分敷粉沥金加以渲染，一幅年画的创作往往是由众多民间艺人通力合作完成。杨柳青的著名画铺有戴廉增画铺。戴廉增画铺的年画不仅有大量传统题材，还能够及时地反映社会新鲜事物。杨柳青著名的画铺还有义顺号、张义元、盛兴、爱竹斋、和茂怡、万盛恒、万泰昌等十六七家。这些画铺每年印刷年画的数量多达一百万张。杨柳青画铺还出现了许多有名的画师，如张祝三、

高桐轩、王润柏、张俊廷等人，知名的雕工有李文义、王永清、张聋子等人。杨柳青年画的题材很广泛，有风俗、历史故事、仕女娃娃、戏曲人物、山水、花鸟等。杨柳青年画其艺术风格受到北方雕版插图和画院传统的双重影响。例如《双美图》（图7.26）中，两位妇女的形象刻画得十分细腻，其貌端庄俏丽，服装华贵，体现了晚清社会的审美情趣。《同拜天地》（图7.27）描绘的是婚礼仪式中男方将新娘娶进门后举行拜堂仪式的场面。画面构图对称规整，画面上方的左右两边是各路神仙，中间两位长辈坐在亭台中，新娘站在左侧，新郎站在右侧，相互作揖行礼。艳丽的色彩体现出喜庆的气氛。作为北方年画制作重镇的杨柳青，其年画十分受欢迎，主要销往内蒙古、东北、山东、河南等地。

　　1854年太平军打至天津地区，太平天国参与了杨柳青年画的绘制，其作品有《燕子矶》《英雄会》《杂卉图》《秋景图》《猴拉马》《鱼乐图》等，这些作品的画面绘制亦十分精致。

图7.26　《双美图》，　图7.27　《同拜天地》，清代杨柳青年画
清代杨柳青年画

山东木版年画遍布全省各州县，其中以山东潍县的杨家埠年画最具有代表性，它始于明中后期，在清中期逐渐兴盛。康熙、雍正时期，著名的画铺有公茂、吉盛、万顺、恒兴福、广盛泰等，至清末画铺已经多达上百家。杨家埠年画十分受欢迎，远销至河北、河南、山西、东北等地。这里的年画年销售量最高曾达到七千万张。年画原稿除了部分是当地画工创作外，还有部分来自杨柳青和武强。杨家埠年画制作经历了由简至繁的过程，最初以雕版印刷刻画出轮廓，再以手工淡着色，后来发展为套版彩色印刷，以饾版方法来套印。印制过程有绘画、雕刻、印刷、装裱等几道工序，且每道工序都很精致。制作过程中，画工先将画稿用黑色勾线，贴在刨平的木板上，雕刻出主线版，再分别按照不同颜色刻出色版，有几种颜色就刻几块版，印刷时先印出主线稿，然后依次印刷不同颜色，即套色印刷，最后修版装裱。杨家埠年画的色彩也多选用红、黄、绿、紫、青，以此追求鲜艳明亮的色彩。题材多是老百姓向往的丰收喜庆、家庭和睦、孝长爱幼等内容。杨家埠年画的形式十分丰富，有适合张贴在炕头墙壁上的小横批、方贡笺、摇钱树等；有适于贴在窗户或墙壁上的大鹰和月亮；还有适合贴在大门上的门神、财神、福神、福子等。这些内容及艺术形式，都反映出老百姓的需求。例如《男十忙》《女十忙》等老百姓生活中的日常情景，《包公割麦》（图 7.28）则是老百姓对肯为他们伸张正义的包公的喜爱之情。《包公割麦》中人物形象朴实，线条简练，画面的下半幅描绘了正在田地里割麦子的包公，他身后是高举圣旨的钦差以及为包公准备的轿子。画面右上角还有传说中的官星。画面上边写着"圣上宋朝廷出旨请包公包老爷有官星请了去把官升"。老百姓喜闻乐见的杨家埠木版年画还带动了山东其他地区年画的发展，平度、高密、日照、周村、济南、临沂、胶县等地的木版年画与杨家

图 7.28 　《包公割麦》，清代山东杨家埠年画

埠木版年画共同成为清代年画的重要产地。

　　河南朱仙镇位于开封西南，是水陆交通要道。朱仙镇年画在清代达到盛期，画铺多达 300 多家，至清末还有 70 多家。当时较为著名的画铺有万通、万盛、德胜昌、晋秦涌、天兴德、天义德、天成德、二天成、三成义等，其作品销往各地。朱仙镇年画的制作分为阴刻和阳刻，作品中刊刻的线条粗犷有力，形象夸张，风格纯朴。朱仙镇年画制作以水印套版印刷为主，透明的水色在印刷后画面会略显木纹。画面色彩纯度较高，对比强烈，十分艳丽。朱仙镇年画的题材也多是门神、戏曲故事和挂笺等，其中门神及神码种类最多，其中神码有福禄寿三星、灶王、钟馗、和合二仙、刘海、八仙等。另外，新婚夫妇欲求子贴《连生贵子》《天仙送子》，中年人追求仕途贴《步步莲生》，老年人欲求健康长寿贴《松鹤延年》，儿童房则贴《五子夺魁》《刘海戏金蟾》等。年画中寄寓了老百姓对未来美好生活的祈愿。

　　河北武强是北方地区又一个年画著名产地，在清代康熙、嘉庆年间进入盛期。至清末，这里的画铺仍多达 140 余家。武强的年画受明清版画插图的影响，主题突出，画面中线条粗犷、质朴，刻版过程以阳刻为主，兼施阴刻。色彩上对比强烈、明快，造型简洁，画面具有很强的乡土气息。著名画铺有天玉和、宁泰、泰兴等，后来又出现八家有名的画铺——祥顺、德隆、东大兴、义盛昌、新义成、吉庆斋、同兴、大福兴。武强年画的题材、形式都很丰富。其题材内容有历史戏曲故事，如三国、杨家将、薛家将等，有风趣的讽刺画、神码等，形式则有门画、窗画、灯画、中堂画等，这些年画内容通俗有趣，风格古朴，价格低廉，颇受人们的欢迎。

四川绵竹的年画在清代亦有盛名。在清代乾隆年间大小画铺就有三百多家，画店三十多个。绵竹年画每年销售多达一百三十多万份，不仅满足了国内的大量需求，也远销至印度及缅甸等东南亚国家。绵竹年画如此受欢迎，与其突出的艺术特色有着极大的关系。其画面人物突出，色彩明快，构图饱满，因色彩优点的突出而备受欢迎。

广州佛山不仅印制书籍，还大量印制年画，且年画种类十分丰富，那里创作的年画还受到马来群岛各国的喜爱。

北京的书坊、南纸店等都会印制年画，有名的年画有《对锤门神》《福寿天宫》。

另外，还有山西临汾、陕西凤翔、福建泉州、湖北汉阳、湖南邵阳、云南大理、台湾台南等地都有年画印制，不同地域的年画形成了不同的风格。北方年画色彩浓郁，南方年画则清幽淡远。大量年画的绘制离不开众多工匠的参与，他们绘制的年画是清代印刷美术作品中的大宗，作为新兴的印刷艺术门类，有着自己的独特艺术魅力，它也承载着特有的中国精神。

## 三、石版月份牌画

随着欧洲印刷技术的传入，木版彩色套印年画逐渐被石印年画所取代。

清光绪以后，国外石印仿制的年画进入中国市场。由于石版印刷的年画样式新颖，颜色鲜艳，售价比木版手工绘制的年画低廉，所以较大地冲击了木版年画市场。年画作坊在市场激烈竞争中，逐渐开始改用石版印刷。清代末期石印机器印制的年画大量占有市场。为数不多的木版年画的印刷，则只能以印刷门神、灶君、天地众神等老百姓敬神之俗所需要的题材，以求生存。

早期月份牌年画是以石印形式印出的月份牌画，它最初是外国商人将中国传统年画加上月历与广告印出的画片。它是一种广告宣传的形式，上面带有中西方计算月日时间的阴阳合历，这种年画在上海非常盛行。

上海徐家汇"土山湾印刷所"在光绪七年（1881）开始石印宗教宣传品，最早石印美术作品是在英国人开办的点石斋印书局，印制了吴友如的《豫园湖心亭》，以及1884年出版的《点石斋画报》，这些作品都是以黑白为主。直到1902年，上海才出现五彩石印绘画作品。

光绪二十二年（1896）的《沪景开彩图中西月份牌》是现存最早的月份牌历画。图长73厘米，宽43厘米，全图先用墨色石印，再用红色和黄色加以点染，属于半印半绘的石印年画，它也是年画逐渐向石印年画过渡时期的珍贵实物资料。

月份牌画中，如《西湖泛舟》《瑞雪丰年》《曲桥乘凉》等，画面背后印有日历表。月份牌画不仅有石印，还有木版印刷，如《华英生肖月份牌》《文武财神月份牌》《龙飞月份牌》。

月份牌画内容品种多样，其中有时装美女，如《深闺寂寞图》、《晚妆图》（郑曼陀作）、《明星双艳图》；有古装美女，如《黛玉读西厢图》（丁云先作）、《西施捧心图》；有通俗小说故事，如《八仙飘海图》（周慕桥作）、《三国演义》（赵藕生作）、《封神演义》（李菊侪作）、《牛郎织女天河配》；有戏曲人物形象，如《黄鹤楼、独木头、取成都、法门寺》《泗州城、安天会、天水关、曾头市》；有古今人物，如《关公读春秋》（周慕桥作）；有神佛菩萨，如《紫竹观音图》（丁云仙作）。还有时事新闻，如《革命军北伐记》《海上时兴剪发照片》《梅兰芳戏出屏》等。

近代许多著名画家参与了月份牌年画的绘制，早期有张光宇、胡伯翔、丁悚、赵藕生等。后来有徐咏青（1880—1953），他曾在上海天主教会开办的徐家汇土山湾美术工艺所学习绘画，以水彩风景画知名。周慕桥，江苏苏州人，据传曾跟随吴友如学习绘画，继承吴氏为《飞影阁画报》作画，为苏州桃花坞年画绘制《合家欢乐图》《五子日升图》《潇湘馆悲题五美图》《时装仕女图》等。丁云先（1881—1946），浙江绍兴人。曾在上海开设"维妙轩"画室，传授绘画技法。其作品有《老虎与美人》《水浒一百单八将》《七十二贤》等。郑曼陀（1885—1961），安徽歙县人。主要以擦笔技法画时装美女。创作了大量的月份牌年画，如《晚妆图》（1914 年）、《课子》、《上火车》、《读信》、《贵妃出浴图》（1915 年），其中《贵妃出浴图》是裸体形象在月份牌年画中最早出现的作品。周桐（1887—1955），江苏常州人。他在 1917 年后，先后进入南洋兄弟烟草公司、华成烟草公司、英美烟草公司，画了大量月份牌广告。（图 7.29）杭稚英（1900—1947），浙江海宁人。在上海有自己独立的画室，并招募画家一起工作。其代表作品有《霸王别姬》《读远方来信的少女》等。谢之光（1900—1976），浙江余姚人，毕业于上海美术专科学校，先后在南洋兄弟烟草公司、华成烟草公司作画，其作品有《明洪武豪赌图》《洛神》《村童闹学》《九美图》《万吨水压机》《铁水奔流》等。金梅生（1902—1989），上海川沙人。1921年任职于商务印书馆画图部，后来成立画室进行创作。作品内容有美女、戏曲人物，还有裸体画等，他的作品非常

图 7.29　香烟广告画牌，上海

受欢迎。月份牌年画画家还有孙雪泥、杨俊生、李慕白、金雪尘、冷石、王承英、福荣、金少梅、袁秀堂、郑少章、徐砚、曼丁、廷康等一大批艺术家。

民国时期上海地区印制了大量月份牌年画，且由商务印书馆、中华书局、饶福来、顺利印务局、国华书局等一些著名的书局印制。其内容多是为外国烟草公司、保险公司做广告。之后，月份牌年画已不再附加广告和阴阳日历对照表了。其内容也逐渐多样化，作品在继承传统的同时，还有创新，例如时装美女图进入年画市场，就为年画开辟了新的内容。

# 第三节　西方印刷技术传入后的版画

随着西方印刷技术传入中国后，清代印刷美术的版种不断丰富，出现了铜版、石版、铅版、铁版、锡浇版等不同版面印制的美术作品。印版的多样性，使印刷美术作品的艺术语言丰富起来。不同的版面，使印制的内容产生不同的印制效果，从而产生不同的美感。

## 一、铜版印刷

铜版镌刻技术是来自西方的艺术创作形式，因此清代出现的许多精美铜版画作品，明显带有西方的艺术特色。

铜版画首先出现在清代宫廷。康熙曾以热河三十六景作为诗歌的主题，创作有木刻版，后来以此为蓝本的铜版画也堪称经典。大约在 1713 年，意大利传教士马国贤得到康熙的授命后，曾带领中国学生共同镌刻铜版三十六幅热河图，并将镌刻技巧传授给中国学生。张奎正是参与镌刻三十六景图的中国学生之一。在英国大英博物馆收藏的三十六幅热河铜版画中一幅标有"热河景第一烟波致爽"，旁边手写"张奎刻"三字。张奎等人成为中国第一代铜版画刻工。

铜版画的线条细腻适合绘制地图，因此在康熙的推动下，地图的刊印数量较多且多采用铜版制作。作为一位全才的皇帝，康熙精通天文地理，所以他意识到地图的重要性。1708 年康熙曾命学者、官员和西洋教士雷孝思、杜德美、白晋等人一起测量绘制中国舆图。在全国范围内完成了一次三角测量，在康熙五十六年（1717），汇集各省图测绘后合二为一，镌刻了木版《皇舆全览图》，刊印非常精致，成为中外地图测绘史上的创举。康熙五十八年（1719）《皇舆全览图》

以腐蚀法制成铜版，马国贤与欧洲传教士共同镌刻了四十四幅铜版地图。这幅地图是中国第一次使用经纬度分幅的方法制作而成。另外，此图在故宫博物院还有多种不同版本，有铜版、木刻版、康熙彩绘纸本、康熙五十六年木刻本。

同样以精确、细致著称的还有雍正元年（1723）刻制完成的《黄道总星图》，它是中国古代第一幅铜版星图。这幅作品是由长时间生活在北京的佛罗伦萨艺术家利白明镌刻的。它以黄极为中心，以外圈大圈为黄道，分南极、北极二图。图内还描绘了金星、太阳黑子、木星等。与以前的木刻、石刻、雕版印制的星图相比，这幅铜版星图更加精确。

另外，乾隆皇帝命法国传教士蒋友仁绘制全国舆图。蒋友仁为了与之前所制铜版地图有所不同，创作了十三排《乾隆内府舆图》，绘制范围北起北冰洋，南至印度洋，西起地中海，被称为亚洲大地图。还有刊刻于乾隆十六年（1751）的《西清古鉴》，为武英殿铜版印本，十分精美。

为了炫耀自己的战功，乾隆还命宫廷的外国画家郎世宁（意大利人）、艾启蒙、王致诚、安德义等人绘制《平定准噶尔回部得胜图》（又名《战功图》），这幅绘画作品后来送至法国，由法国人操刀完成刊刻。此图内包括《平定伊犁战图》（图7.30）、《格登鄂拉斫营》、《凯宴成功诸将士》等十六幅。郎世宁曾在信中言及此作："刻版不论用雕琢，抑用硝酸，务必使其精巧悦目。"是他对铜版制作提出的要求。《平定准噶尔回部得胜图》在技法上采用西方绘画中的光线明暗的表现手法，写实地再现了战争的场面，画面场景恢宏，描绘人物细腻，远景、中景、近景层次分明。

在不断向西方人学习铜版绘制技艺的同时，中国人开始模仿西方

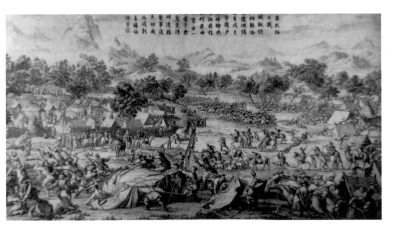

图 7.30 《平定伊犁战图》，清乾隆时期法国铜版印本，50 厘米 ×86 厘米

铜版画进行创作。在乾隆四十八年（1783）创作完成的，现藏于中国国家图书馆的铜版画《圆明园》二十幅，就是采用了铜版阴刻的手法进行创作的。

　　创作于乾隆五十二年（1787）的《平定两金川战图》十二幅，就是由清政府造办处的中国铜版镌刻师绘制的，还有题款中记录乾隆己酉（1789）中秋创作的《平定安南得胜图》十一幅，这两部作品都是采用铜版阴刻手法进行创作，镌刻十分精致，构图饱满，层次分明，并很好地将西洋画中的明暗处理方法与中国传统绘画造型手法相结合。

　　铜版镌刻印刷技术是由西方传教士带入中国，他们在中国创作了许多铜版画作品。与此同时，乾隆时期的北京人高类思和杨德望，两人在跟随法国传教士蒋友仁学习铜版印刷术后，又被送到法国继续深造。在法国，他们学习了西方绘画、印刷术，这其中就包括铜版镌刻、硝酸水腐蚀铜版的技术。中国与西方之间的学习与交流，使铜版制作技术在清代宫廷以及文人中产生了一定的影响。

清代雍正时期，南京地区有江宁铜版印制的《四书体注》共有十九卷，封面题写"精镌铜版四书体注"，字如拳头大小。还有小字"字遵部颁正韵"，上栏横书"雍正八年校正新本"，末行"启盛堂主人谨识"，旁边还有两行朱印云："江宁启盛堂住奇望街，李氏书林内发兑。"这版铜版印制的《四书体注》，运用楷书字体，端庄秀美，刊刻精致，令观者赏心悦目。另外，在偏远的西藏也出现了铜版，曾在西藏居住了近二十载的英国人麦克唐纳在《西藏之写真》中曾云："德格印经处且具有独有之铜版……"可见，铜版印刷作品在清代已不是少数，因其制版精致，所以印刷的作品更加清晰秀美。

除了铜版，铁版在清代也有使用，只是使用的非常少，例如在德格就有铁版印制的《甘珠尔》，且用整幅铁版印制而成。

## 二、石版印刷

1796 年，奥匈帝国人施内费尔特经过反复实践，终于将石版印刷技术实验成功。1837 年，法国人恩格尔门发明了彩色石印法。1869 年英国人浩润发明用红、黄、青三色就可以印出任何颜色的彩色石印。1832 年，石印技术就已经传入中国，至清末，这种简化的彩色石版印刷在我国盛极一时。石版印刷被运用到中国年画和月份牌画的制作中，成为中国近代印刷美术史上的浓墨重笔。不仅如此，石版印刷在印刷过程中有着诸多优点，所以它还被运用到印制各种大小的书籍中。石版印刷时间短，印制技术相对简单，一人就能操作，省人工，而且印刷各种文字都非常方便，因而它的使用范围比较广泛。

最早在我国使用石版印刷的是《中国文库》，它是美国传教士裨治文（1801—1861）在广州创办的杂志。后有英国传教士麦都思

（1796—1857），于 1832 年年底，在广州设立印刷所。次年广州发展到两个石印所。麦都思推动了石版印刷在中国的传播与发展。1838 年麦都思在伦敦出版《中国》一书，书中讲述了 1833 年至 1835 年石版印刷在中国的传播。书中还讨论了雕版、石版、活字印刷的各自优缺点和工本问题等。直到 1880 年后，石版印刷才在中国得到普及。道光年间的屈亚昂是中国第一个学会石版印刷的人。他曾跟随传教士马礼逊的长子马儒翰学习石版印刷，与马礼逊一起印刷经文和布道宣传品。

清末上海出现了彩色石印，是按照彩色原稿设色、分版、套版印刷的工艺技术。它是将玻璃纸覆盖在彩色原稿上，用钢笔进行描刻，然后在描刻过的玻璃纸的针缝中填入红色砥粉，再将填有红色砥粉的玻璃纸覆盖在石面上，施压，使粉落在石版上，再按照原稿的轮廓和色度进行分色、分石进行描绘，将描绘过的各色石版翻制成印版，最后逐版依次套印，从而印成彩色的印刷美术作品。彩色石印主要用于印制地图、通俗小说和戏曲的插图等。上海的富文阁、藻文书局、宏文书局最先采用五彩石印，但彩色没有深浅之别。直到光绪三十年石印中的彩色始能分辨明暗深浅。次年，商务印书馆聘用彩色石印师从事彩印，印制了《大清帝国全图》《坤舆东西半球图》。另外，石印还仿印山水、人物、花鸟等古画，其设色可以与原画相差无几。石印成本低廉，且便捷省力。因此晚清的石印小说、戏曲也十分盛行。有《五彩增图东周列国志》《五彩绘图儿女英雄传正续》《五彩绘图梨花雪传奇白头新传奇合刻》《三国演义》《封神演义》《西游记》《水浒传》《红楼梦》《镜花缘》《古今奇观》《听月楼》《西湖拾遗》《笔生花》《长生殿传奇》《西厢记》《聊斋志异》等。这些石印绘图，颜色鲜艳，图画精细。石印的通俗书籍还有《历代名媛图说》《列女传》

《碧血录》《圣谕像解》等。

《五彩增图东周列国志》中的绘图是仿照点石斋本，共有图像四十八幅，每回有两幅插图。图像每页用一种颜色，有六种颜色替换。

清代李汝珍写的小说《镜花缘》，它融幻想、历史、讽刺小说和游记小说于一体，极富想象力。点石斋书局出版的《镜花缘》，其插图作品笔法细腻、逼真，线条"细若牛毛，明如犀角"，构图上超越时间和空间的界限，将不同时间、不同地点发生的事情放在一幅画面中。例如第三十一回《谈字母妙语指谜团，看花灯戏言猜哑谜》的插图，一幅画面中左上角，唐敖等人乘船离开，右下角是他们到达智佳国，上岸看花灯，画面十分和谐。

另外，石印蒙学教科书的广泛流传，影响深远，这些蒙学课本十分重视书中的插图。清代私塾中学童的教材，如儒家著作《大学》《论语》《孟子》等，还有《绘图蒙学课本》《千字文》《百家姓》《三字经》《绘图小学千家诗》《正音绘图增注六千字文》等学童读物配有大量插图。

1861 年，清政府开设了第一所新式学堂同文馆，随后各地纷纷效仿。《绘图蒙学课本》就是新式学堂自行编写的教科书，书中的每一篇课文都配有一幅插图。书中的插图借用了西方图书中的插图形式，清晰写实，并标有图名。清代光绪三十年（1904）由英华书院印制的《绘图蒙学课本首集》中的内封画面（图7.31）设计得十分有趣。整个画面就是一座中式两层建筑，顶端是房顶，房子正面左右两侧与房檐下的横批，组成一副对联。文字周边采用花纹做装饰，端庄典雅。房屋的二层用英文对书籍内容进行介绍。下面一层文字还是采用对联 形式，中间是蒙学馆内学生围站在老师周围请教 的情景。《绘图蒙学课本首集》内有一幅《背书样式图》，画面上一位学

童背对老师在背诵，学童刻画得十
分可爱。还有澄衷蒙学堂自行编写
的《字课图说》，类似于现在的看
图识字，对常用的三千多字进行了
分类编排。光绪三十二年（1906）
印制的《绘图唱歌教科书》也是带
有大量插图的教材。彩色石印在制
版过程中，还分为光石和毛石两种，
不同质地的石版会出现不同的印刷
效果，产生出不同的美感。

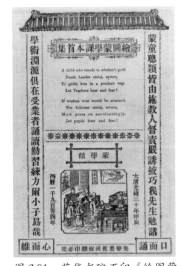

图 7.31 英华书院石印《绘图蒙
学课本首集》，清光绪三十年

清末民初，石版印刷年画逐渐
取代了传统雕版木刻技艺年画，使
年画呈现出新面貌，丰富了这一时
期的印刷美术作品。

## 三、其他版种印刷

清代印刷版种非常丰富，早期以木版居多，清末木版衰落后铜版、
石版逐渐兴盛，另外还有铅版、珂罗版、蜡版、泥版、瓷版、铁版、
锡浇版等，清代印刷版种呈现百花齐放的局面。

铅版主要用在书籍的印制中，刻书在清代依然是印刷中的大宗。
成熟的铅印技术是在经历了各种实验与尝试之后，逐渐完善，并最终
取代了传统的雕版印刷与木活字印刷、铜字印刷。

最早的铅活字印刷品是西方人马礼逊在澳门编的一部《华英字
典》，就是用中文活字印刷的第一部印本。这部字典使用的活字是
由几位中国刻工和职业印工汤姆斯在含锡的合金块上，雕刻而成的。

非常有趣的是，这个活字仍然沿用中国旧法雕刻，不是西法铸造的。清代书籍印刷中还经历了拼合字印刷阶段。19世纪初，欧洲人曾尝试采用拼合字来印刷中文书籍。法国巴黎活字印制专家勒格朗在汉学专家曳铁的建议指导下建钢模。为了减少字模，他采用偏旁和基本字组合的办法。1837年出版的老子的《道德经》就是用这样的拼合字印刷的。事实证明，拼合字是两个半字硬凑在一起，十分地生硬不自然，大小不一样，排列也不整齐。同年，巴黎出版勒格朗所刻的《汉字样本》一书，书中他认为在所有文字中印刷汉字最为困难。1844年，位于澳门的美国长老会印刷所"华英校书房"，购买了勒格朗的一套字模，出版了拼合字样本《新铸华英铅印》。另外，在1850年还用拼合活字印刷了《理论通达》。1845年，美国长老会印刷所迁到宁波，被称为"华花圣经书房"。1849年，华花圣经书房印刷了《耶稣教要理问答》，也是用拼合字印刷的。1860年，华花圣经书房由宁波迁至上海，名字改为"美华书馆"。美华书馆印刷了很多书籍，为清代的印刷事业做出了巨大的贡献。1861年，美华书馆出版了《天路指南》，它也是用拼合字印刷而成的。可见，拼合字印刷阶段是铅活字印刷的早期形态。

拼合字印刷技术在中国传播的同时，英国人戴尔尝试雕刻或在刻版上铸字等办法制造铅活字，后继者新加坡牧师和美国人柯理，他们将技术带至香港，其字模的制作最终在香港完成，因此也被称为"香港字"。铅活字持久耐用，印刷的文字清楚雅致，在社会上备受欢迎。咸丰十一年（1861）香港英华书院用香港字印刷了《旧约全书》，同治七年（1868）印制了《伊婆菩喻言》等书籍。后来香港字传入上海的墨海书馆，再又传入北京的同文馆，尝试印刷科学和宗教的书籍，香港字传入中国内地后得到迅速发展，北京同文馆在同治十二年

（1873）集字印制了《俪白妃黄》。

美国人姜别利对中国铅活字印刷有巨大贡献，1858年他来到宁波长老会印刷所，1860年印刷所迁至上海，并更名为"美华书馆"。姜氏采用电镀法，成功造华文铅活字，是中国印刷历史上的一次革命。他制成铅字七种，一号至七号字。其中每个字笔画横轻竖重，且是仿照明朝刻书体的，因此被称为"明朝字"。另外，姜氏还创新使用排字架，即元宝式字架，俗称三脚架、升斗架，使捡字、排字更为有序。1861年，上海美华书馆出版了姜别利的汉字活字样本，运用这些活字字模，美华书馆印制了近三十种书，有同治二年（1863）印制《旧约全书》，之后又印两种《新约全书》等。1884年，英国人美查组织图书集成局，创制"美查字"，其特点是大而扁。美查字印制的书籍有《古今图书集成》《九通》等。清代末年创办的商务印书馆，创制楷书体、隶书体以及方头体等精美雅致的字体，并不断改进铸字炉，铸出精美且无须铲边、刨底的文字，被称为"商务字"，成为国内铅活字印刷的主流。

在几代印刷人的努力下，19世纪末期，铅活字印刷在中国得到普遍使用。

光绪初年上海徐家汇土山湾印刷圣母像时，运用了珂罗版，或称玻璃版，其实质是胶质印刷。它是德国人阿尔倍脱在1869年发明的。它是将阴文干片，与感光性胶质玻璃版密合晒印，感光处能吸收油墨，其余印版则吸收水性，用纸印刷，即可得到印样。

蜡版印刷在清代也有使用。18世纪法国耶稣会士杜赫德在《中华帝国全志》中提及蜡版印刷，当宫廷有重要信息发布时，中国人会把黄蜡涂在木板上，快速刻出字来。19世纪英国传教士米怜曾描述中国印刷术分为木版、蜡版、活版三种。美国新教教士裨治文曾发表的《中国的印刷》中曾提到广州使用了蜡版印刷术，且主要印刷的是一时性的作品与需要立刻发出的消息，还有英国外交官梅辉立提及京报在被各省重印时就是用蜡版印刷。因此，蜡版印刷时效性非常强，且新闻类的印刷品居多。

清代同治、光绪年间，在宁波地区有人用泥土制版，泥版印刷成本低廉，方便操作，因此在民间使用较多。泥版印刷的唱本《孟姜女》《梁祝》等小本子在民间有流传。

清代康熙年间，在文人使用瓷印章的基础上，山东泰安人徐志定发明瓷版印刷，他还用瓷版印刷了张尔岐著的《周易说略》《蒿庵闲话》。在《周易说略》的封面上有"泰山瓷版"，《蒿庵闲话》书末有"真合斋瓷版"。瓷版印刷是中国独具特色的印刷。

清乾隆时期，还出现锡版印刷。安徽歙县程敦印刷《秦汉瓦当文字》时运用汉人铸印翻砂的办法，用瓦当作范，熔锡镌浇铸翻印瓦当文字和图案，印刷效果较用枣木版印刷更有神韵。

英国人麦克唐纳记述了在西藏西康工布大寺用铁版印刷《甘珠尔》的事情。另外，将照相技术用于制版的照相铜锌版也出现在国内，丰富了国内的印刷技艺。

这些丰富的印版，虽然不是社会主流印刷材质，但因其操作快速简便，成本低廉，成为主流印刷工艺的补充，也留下了丰富的印刷美术作品。

## 第四节　丰富多彩的印刷美术作品

清代末期，随着欧洲印刷技术传入中国，与传统印刷技艺相结合，不断提升印刷技能，印刷美术作品的数量和质量都有很大的提升，其印刷内容也更加丰富，有报纸、地图、契约、证件、广告书籍、期刊、纸币、邮票等。

## 一、地图

清代内府曾多次刊印地图。刊印地图的材料与印刷技术的发展紧密相连，经历了铜版、木版后，彩色套印、平版间接印刷、照相平版印制等技术提升了地图的印刷水平。康熙时期《皇舆全览图》、雍正时期《皇舆十排全图》、乾隆时期《皇舆全图》等不仅有铜版刊印，木版刊印的地图也很精美。

康熙四十七年（1708），就曾出版木刻版《皇舆全览图》，还有《大清万年一统地理全图》（图 7.32）是嘉庆年间根据乾隆版舆图增补重刻而成。全图长 236 厘米，宽 134.5 厘米。图中较为详细地标出黄河、长江、各大山脉以及南部和东部的海洋，甚至四邻国家的大致情况也以简要的文字进行说明，最西面还标出英吉利、荷兰等国家名。

光绪五年（1879）杨守敬等人共同编著了《历代舆地沿革险要图》，采用朱墨双色雕版印刷，后经重新校订增补后编成《历代舆地图》再次印刷，依旧是使用朱墨双色套印。光绪十四年（1888）京都大顺堂采用七色套印技艺刊印了《古今舆地全图》（图 7.33）。全图长 185 厘米，宽 104 厘米。图中绘制北起蒙古戈壁，南至南海，东起日本，西至大西洋的广袤地域。并用黄色标注黄河，蓝色标注长江，翠绿色标注山脉，棕色标注沙漠，浅黄色标注铁路。在图的四周注有京师至十八省各地里程。这张地图上丰富的色彩使我们可以直观地感受到各种地理信息。

20 世纪初，中国开始采用平版间接印刷地图。1913 年，北平中央制图局采用直接照相平版法印制地图。1918 年，中华书局运用全张胶印机，印制中国第一批全张拼幅的全国地形图。1919 年，交通部邮政总局印制发行了《"中华邮政"舆图》。1922—1938 年，上海的世界舆地学社购买了平印设备，建立了地图印刷厂，印制各类地图。亚光舆地学社也创立了虹光彩印厂，以专门印刷地图。地图的印制丰富了清代印刷美术作品。

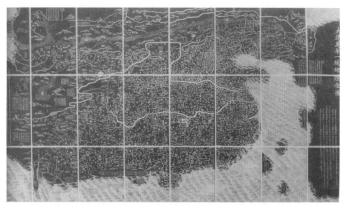

图 7.32 　《大清万年一统地理全图》，清嘉庆年间印制

图 7.33 　《古今舆地全图》，清光绪十四年（1888）

## 二、报纸

清代报纸印刷经历了官报、外报、民报三段不同时期。初期以官报为主，鸦片战争前后为外国报纸发展时期。19世纪末期，民间报纸逐渐兴盛。

清代政府刊印的官报有《京报》（图7.34）、《宫门钞》、《塘报》、《辕门钞》等。它们都是采用传统工艺雕版制作完成的。

《京报》是清朝中央政府刊印的官报，每日由内阁发布。它的内容涉及宫廷皇室的诸多生活内容，有宫门钞、奏折、上谕、请假、销假、官员升迁、谢恩等。《京报》采用书本小册子的形式装帧，长约22厘米，宽约10厘米。页数有时两三页，有时数十页。在外面裹黄色的薄纸，上面盖有朱印"京报"二字，下面是承担印刷工作的报房名印。《宫门钞》是和《京报》一起送阅的小册子，它采用活字版或与蜡版类似版进行刊刻印刷。《塘报》又称为《提塘》。清代兵部车驾司

图 7.34　《京报》

于北京东华门外设捷报处，负责收发公文。它们也被称为《驿报》，因为它还可以通过沿途驿站逐站传递发行。而《辕门钞》则是地方报，光绪年间江苏出版《辕门钞》，道光年间广东衙门也有出版《辕门钞》。报纸主要是报道一省衙门的消息，为了提高印制的速度，常常采用蜡版刊刻，并由民间报房发行。

随着西方文明的涌入，广州、香港、上海等地出现外国人所办的中国报纸，宣扬基督教义以及刊登洋货消费品广告。如《察世俗每月统记传》《东西洋考每月统记传》等。

19 世纪 50 年代，中国人开始创办报纸传播国内外各种新闻。《中外新报》（1858）、《华字日报》（1864）、《循环日报》（1873）、《汇报》（1874），成为中国报业的先声。甲午海战后，《中外纪闻》《强学报》《时务报》《湘报》等报纸鼓吹变法。辛亥革命时期，《中国日报》《世界公益报》《广东日报》等报纸，宣扬革命思想。《申报》《新闻报》《中外日报》等，它们推动着中国报纸印刷的发展，促使民间报纸迅速发展起来。

## 三、期刊与画报

在报纸印刷发展的基础上，期刊也逐渐兴盛起来。1904 年，上海商务印书馆创办了《东方杂志》，直至 1948 年才停刊，它是我国影响力巨大的综合性期刊。章士钊主编的《甲寅》（1914）、陈独秀创办的《青年杂志》（1915）（后改名《新青年》），还有《每周评论》《国民》《新潮》等期刊宣扬民主与科学，抨击封建专制。

早期的期刊中，会有随期刊附送的画报，是期刊吸引读者的一种新方式。影响较大的有点石斋书局出版的《点石斋画报》（图 7.35），它创刊于光绪十年（1884）。《点石斋画报》由石版印刷完成，且以墨色为主。《点石斋画报》是旬刊，用连史纸石印，每期八页九图，随《申报》附送。《点石斋画报》是中国第一部时事风俗画报，以图为主，图文并茂。吴友如是《点石斋画报》的主笔，他把新鲜的事物作为绘画题材，介绍外国的风俗景点、现代建筑、轮船、火车、气球、西方医术、照相、消防，以及声、光、电等新颖科学技术，每幅画旁还配有一段说明文字。吴友如的作品有《会审公堂》《大闹洋场》《看西洋幻灯片》等。另外，还有张志瀛、周慕桥、顾月洲、周权香等一批风俗画高手参与绘制。这些作品既有中国传统白描绘画形式，也有借鉴西方绘画中的焦点透视，类似于素描的绘画形式，还有中西画法融会贯通的作品，形式多样的作品深受读者欢迎。至1898年停刊时，《点石斋画报》共计办了十四年，积画四千多幅。后来吴友如在1890年还创办了《飞影阁画报》，自任主编。

图 7.35　《申江胜景图》中"点石斋书局"的石印工场，清光绪十年

《点石斋画报》之后，相继问世的石印画报多达七十多种。1909年，上海又面世了一种每日一刊的画报《图画日报》，成为近代中国第一种日刊画报。《图画月刊》采用了欧洲引进的铜版技术。《良友》《故宫周刊》也曾采用铜版印刷，而《良友》在1930年后使用影写凹版，用五色彩印。《故宫周刊》主要刊载故宫文物图片、历代书画家主要作品以及历代帝王画像。

## 四、契约、广告印刷

清代印制了许多契约，有房契、地契、铺面契。这些契约是指在房屋转让买卖、地皮转让买卖，以及商业铺面房在租赁买卖时的凭证。契约有官契和私契两种，官契是由官府统一印发，业主填写后再粘贴布政司颁发的契尾。不同地区的官契，格式略有不同，但多数契约为了突出作为主体的文字内容并在其外围绘制边框，并常常有缠枝花纹样或吉祥动物纹样做装饰。边框内写契约的内容。在乾隆至道光年间，契约多是木刻雕版，之后还出现了石印和铅活字的印刷契约。

随着清代商业的发展，还出现了商品广告印刷。例如，北京同仁堂是老字号中医药店，早在清代就已出现同仁堂印制的中药广告。还有老百姓生活必需品棉布，也有清代印刷的棉布标签广告。这些广告色彩艳丽，人物形象生动，以此来获得人们的喜爱，从而达到宣传的目的。

## 五、纸币

纸币在清政府入关不久，就开始印制了。在顺治八年（1651）印有"顺治钞贯"。咸丰三年（1853），用皮纸印制"户部官票"，票面有一两、三两、五两、十两、五十两不等的面值。其外框以龙纹、花纹作为装饰。咸丰四年（1854），印行"大清宝钞"，票面框内下面印有"此钞即代制钱行用，并准按成交纳地丁钱粮一切税课捐项，京外各库，一概收解，每钱钞二千文抵换官票银一两"。

太平天国是清代一段特殊的历史时期，在建立政权后，曾铸造各种铜钱，后来又发行纸币"天国宝钞"。1860年印制了二百文纸钞，上面横书"天国通行宝钞"，旁边有篆书"天国宝钞，天下通行"，下面还有"奉天王命，印造天国宝钞，与铜钱通行使用。伪造者斩，告捕者赏银二百两，仍给犯人财产。太平天国十年八月一日"。在纸币上面有龙纹，下面有水波纹进行装饰。

清光绪三十二年（1906），政府推行新政，准备印刷新型纸币，派人员赴日本、美国学习考察纸币印刷技术。宣统元年（1909），清政府引进全套钢版制版、印刷设备，并聘请美国钢版雕刻技师海趣为技师长，还有格兰特、基理弗爱、花纹机器雕刻技师狄克生、过版技师脱克等人，共同设计中国历史上第一套凹印纸币。1910年9月，大清银行兑换券凹版雕刻印刷票样完成。有百元、十元、五元、一元四种票面值。票面正面左侧有椭圆形载沣肖像，中间上方有龙海图景，一龙腾空而起，下侧分别是农耕、长城、帆船、骑士图案。整套钞票图案构图紧凑，恰好恢宏，雕刻精细，线条流畅清晰。直到1911年10月武昌起义后，这套兑换券才停止生产，现今它已成为纸币收藏珍品。1910年以后，印制局印刷范围扩展到邮票、公债票、官照、文凭、契约、粮串、盐茶引、牙帖及各种官用证券……

1914年，中国技师阎锡麟、毕辰年、李浦、吴锦棠等人，共同完成了第一套由中国技师设计、雕刻、制版的钢凹版钞票——殖边银行兑换券。

1915年，由财政部印制的中国银行共和纪念券、邮票以及刘尔嘉、吴锦棠雕刻完成的《天坛景》《大楼景》等，在国际巴拿马博览会上获奖。1927 年，财政部印制局的技师林其波雕刻的孙中山头像，在17 种钞票上都得到采用。

民国时期，中国两大印刷机构——北边财政部印刷局、南边上海商务印书馆。它们承担了刻制印刷钞票、有价证券的任务。这一时期，中共中央也建立了两个印钞厂。一个是延安中央印刷厂，主要印刷陕甘宁边区发行的钞票。另一个是光华印刷厂，这里印刷了一分、二分、五分、一角、二角、五角、七角五分等几种代价券。

邮票也出现在清代。在清末时期邮票的印制慢慢活跃起来，政府采用凸版印刷、石版印刷、雕刻凹版印制邮票。1878 年印制的《海关大龙》邮票，是中国历史上第一套邮票。清晚期总共印制邮票 30套 198 枚。自此，印制邮票成为中国印刷美术中的组成部分。

1912 年，"中华民国"发行了第一套纪念邮票《中华民国光复纪念》《中华民国共和纪念》。它是由北京财政部印刷局，采用了雕版凹版工艺印制完成的。

## 六、书籍

清代全国各地均有大量书坊，其中北京的宫廷刊刻称官刻，除了官刻，民间私刻和坊刻在北京就有上百家之多，苏州、广州的书坊数量仅次于北京。另外，广东佛山、福建长汀四堡、江西金溪许湾等地也有不少书坊。寺院刊刻佛经书籍也是重要组成部分。

作为国家政治、经济、文化中心的北京有诸多书坊，一方面满足统治阶层的政治需求，另一方面则满足与各国交流的需要。

在北京书坊刻本中极负盛名的是武英殿本。据《钦定日下旧闻考》卷七十记载："康熙十九年（1680）开始设立修书处于武英殿左右廊房，掌管刊印装潢书籍。"设立于 1680 年的武英殿书坊是由政府设立的，将校对官员、写刻工匠聚集在这里，刊印了许多优质经典的书籍，为清代的文化事业做出了很大贡献。

康熙年间刊刻的有《平定三逆方略》，颁行《御定孝经衍义》《御定日讲易经解义》《御定历象考成》《御定星历考原》《御定康熙字典》《御定佩文斋书画谱》《御定佩文韵府》《御定全唐诗》《御定赋汇》《御纂朱子全书》等书，冠以御定、御纂、御选、钦定等名目。

乾隆年间刊刻的有《十三经》《二十四史》《九通》《皇舆西域图志》《盛京通志》《医宗金鉴》《大清一统志》等书，至今仍具有一定的学术价值。另外，《古文渊鉴》《圣谕广训》《性理精义》《书、诗、春秋传说汇纂》等都有大量刊印。

武英殿本书籍，多用宋体字，字大行疏，写刻工致，纸墨精良，显示了内府官刻技艺精湛的刊刻水准。

在北京还有私人设立的书坊，则冠以"京都"字样。它们不仅刊刻书版，还刻图章等，主要集中在隆福寺和琉璃厂两处。目前书坊可考的有一百多家。京都琉璃厂荣锦堂书坊刻有《状元策》《本朝题驳公案》，同升阁刻《满汉缙绅全书》，宝名堂刊刻《大清缙绅全书》等。这些书坊刊刻的内容十分丰富，有经史用书、八股文试卷，还有小说、字典、医书、法律、民歌、鼓词、满文课本等。北京宣武门外琉璃厂，也是文人学士流连忘返的地方，每年春节后厂肆开放，有上百家书摊，陈列新旧书籍，成为书市。

在商业发达的苏州，也有众多书坊，在出版的书名上多冠以"苏城""姑苏""吴门""吴郡"等。苏州书坊多以出版小说、戏曲为主，也有不少经史、医书。广东广州、佛山刻书尤其盛行。广州书坊刻书往往会标注"广州""广城""广东""羊城"等。福建泉州、四川德格、西藏拉萨等地也都有影响较大的书坊。

早在十九世纪六七十年代，在"西书汉译"的风潮下，清政府就已印刷了包括数学、物理、化学、历史、语文等大量书籍。之后，《蒙学读本》、严复翻译的《天演论》都是影响很大的书籍。辛亥革命时期的《革命军》《猛回头》等都有大量的印制。

## 七、丝织物

在丝织物上印刷精美图案，是中国印刷美术中具有悠久历史的印染工艺。而使用丝网印刷技术则是在丝织物上印刷技术的一大进步。到民国时期，我国的丝绸印染开始采用从日本传入的丝网技术。丝网印刷的图案色彩鲜艳、图案精美。民国初年，上海永隆印染厂首先采用丝网印刷技术，使其迅速传播。还有在 19 世纪末期，传入我国的辊筒印花机。被上海印染厂采用辊筒印花印染织物后，这种印刷技术很快成为织物印刷的主要方式。

## 八、历书

历书的印制，一直都是皇家的特权，历朝历代都有印制，不同时代历书的形式也有所不同。清代的《时宪书》是采用传统雕版印刷术。而在民间广泛流行的《万年历》，后来由皇帝定为《御定万历历》。

# 第五节　清代印刷字体

清代印刷美术作品中，除了大量图像艺术作品以外，还有很多文字书籍中字体的选用也是印刷美术作品中需要关注的内容。

清代印刷书籍中有多种少数民族文字被使用。除了汉语之外，印刷使用文字较多的还有满文、蒙文、藏文。

## 一、满文书籍

满族作为清朝的统治阶级，它使用的满文被推行为清政府的官方语言之一。因此在清政府印刷的大量书籍中，有很多是满文书籍和满汉合刻的书籍。顺治时期，内府刊刻了《辽史》《金史》《元史》《洪武要训》《三国演义》《劝学文》《御制人臣敬心录》《资政要览》《劝善要言》等满汉合刻的书籍。后来内务府下设武英殿修书处，法令典章、经史子集等多由此处刊刻。满汉合璧的还有"四书五经"、散文合集《御制古文渊鉴》、辞书《御制清文鉴》、小说《金瓶梅》等。

为了推行佛教，康熙年间开始翻译《满文大藏经》，直至乾隆五十五年（1790），才完成《满文大藏经》的刊刻和印刷。《满文大藏经》为朱印本，共印刷了12部，且装帧十分精美，为了防潮、防裂，书脊均采用大漆封边。其中共收录佛经699种，108函，2535卷，33750页。北京故宫博物院现收藏76函，印版27494块，台北故宫博物院收藏32函。

乾隆时期，满文刻本有《平定准噶尔方略》《宗室王公功绩表传》《平定金川方略》《开国方略》等。清代末期，有《圣训》《回疆则例》《理藩院则例》《大清全书》等。根据李德启编著的《满洲文书目》统计，清代刊刻的满文和满汉合刻的书籍，现存大约180多种，达15000多册，收藏在中国国家图书馆和北京故宫博物院。

## 二、藏文书籍

藏文书籍也是清代刊刻印刷的大宗。清政府曾三次刊刻印刷《藏文大藏经》，第一次是在康熙二十二年（1683）至康熙三十九年

（1700），在北京嵩祝寺刊刻，被称为"北京版""赤字版""嵩祝寺版"；第二次是在康熙六十年（1721）至雍正二年（1724），刻制梨木经版85024块；第三次是乾隆二年（1737）至乾隆二十九年（1764），对《大藏经》加以补修，并印刷了10部《大藏经》。

在地方的寺院，刻经之事也十分盛行。清代雍正八年（1730）至乾隆二年（1737），在德格县刻造的《大藏经》，现收藏在国家图书馆。18世纪，达赖喇嘛仓央嘉措住持在纳塘寺经院刊刻了《大藏经》。康熙六十年（1721）至乾隆十八年（1753），在甘南藏区临潭县卓尼寺雕造《大藏经》。道光七年（1827），塔尔寺创建了印经院，并刊刻印刷了《甘珠尔》。

另外，藏文书籍中还刊印了西藏学者多卡夏仲·策仁旺杰的《颇罗鼐传》、智观巴·贡却乎丹巴饶吉的《安多政教史》、土观·罗桑却吉尼玛的《土观宗派源流》、五世达赖组织修订的《四部医典》。藏文书籍中还有天文、地理、医学、哲学、历史等方面的多达4500种书籍。

## 三、蒙文书籍

清代刊印了许多蒙文书籍，康熙、乾隆年间在北京嵩祝寺印制了蒙文大藏经《甘珠尔》和《丹珠尔》。朱印蒙文《甘珠尔》经108函，经版45000块，故宫博物院图书馆收藏18000块。朱印蒙文《丹珠尔》经225函。武英殿还刊印了《蒙古源流》，以及在乾隆五十五年（1790）刊印了英雄史诗《格斯尔的故事》。蒙文坊刻本还有"四书五经"。

清代刊刻的书籍中，还有回文、梵文、缅文、阿拉伯文、波斯文以及欧洲文字的书籍。

## 四、印刷字体

汉字是书籍印刷的载体，进入清代，字体的发展已十分丰富。在书籍印刷中主要使用三种字体。

其一是馆阁体楷书。它源自明代书法家沈度等人的"台阁体"，字体标准、端正、规范，且有艺术性，是清代内府刻书使用的主要字体。在康熙、乾隆的推崇下，赵孟頫和董其昌的字体被效仿，从而形成"馆阁体"。由清世祖福临撰写的《御注孝经》，在顺治十三年（1656）刊刻印刷，字体使用了馆阁体楷书。

其二是宋体字。在明代印刷中就已使用的字体，在清代内府、民间的书籍印刷中得到广泛应用，铜制、木制活字都使用了宋体字。宋体字以其横平竖直、横轻竖细、字形方正、清晰规整等特点，成为汉字印刷中理想的字体被普及推广，直到现在仍在运用，是最广泛的书体。清代方中德撰的《古事比》，是康熙四十五年（1706）用大小两种宋体字印刷而成的。清世宗胤禛撰写的《御选语录》，在雍正十一年（1733）用宋体字印刷。由唐李延寿撰写的《北史》，在清同治十二年（1873）用宋体字印刷。

其三是善书大臣官员亲手写版刻书，即由名家书写后再进行刻版，这样的书籍因其有较高的艺术价值被收藏家喜爱。由王士禛撰写的《渔洋山人精华录》，在康熙三十九年（1700）由林佶写样版，再由雕工鲍闻野雕刻。其字体是工整俊丽、点画精致典雅的小楷，雕工将王士禛小楷的神韵很好地展现出来。还有清代乾隆年间艺术家郑板桥书写的《板桥词钞》（图7.36），由刻版名家司徒文膏刻版，展现了郑板桥的"六分半书"（是一种融真、草、隶、篆于一体而参以画法的书体），其书法的神韵在刊刻印刷时被很好地保留。

清代书画艺术家很多人擅长篆刻，在印刷自己的文学作品时，亲自操刀刊刻。金农策划刻印了自己撰写的《冬心先生集》，他将唐楷与宋体相结合，其字体的意味颇为浓厚。金农的作品《冬心先生续集自序》，他请西泠八家之一的丁敬书版，再由陈又民刊刻，字体依然采用唐楷和宋体相结合的字体，点画顿挫有致，见刀锋、笔锋，给人自然舒展之感。还有收藏家、刻书家也参与到

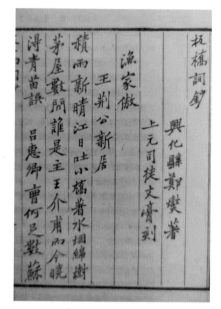

图7.36　《板桥词钞》，清代

自己书写刻版的工作来。例如江声用篆书写自己的《尚书集注音疏》12卷，张敦仁用行书写自己的《通鉴补识误》。

将书法融入书籍字体的刊刻，是清代书籍印刷中特有的现象，许多书画艺术家亲自书写，它不仅增加了书籍印刷中的艺术价值，也使原本规范、统一的印刷字体富有变化和个性。

清代印刷美术以其版种和印刷内容的多样性，以及印刷审美效果的丰富性，将中国印刷美术推向新的高潮，并成为中国优秀文化传统的重要组成部分。

# 参考资料

## 著作：

[1]张秀民. 中国印刷史（上、下）[M]. 杭州：浙江古籍出版社，2006.

[2]罗树宝. 中国古代图书印刷史[M]. 长沙：岳麓书社，2008.

[3]曲德森. 中国印刷发展史图鉴（上、下）[M]. 太原：山西教育出版社，2013.

[4]张树栋，庞多益，郑如斯. 简明中华印刷通史[M]，桂林：广西师范大学出版社，2004.

[5][加]马歇尔·麦克卢汉. 谷登堡星汉璀璨：印刷文明的诞生[M]. 北京：北京理工大学出版社，2014.

[6]韩琦、[意]米盖拉编. 中国和欧洲：印刷术与书籍史[M]. 北京：商务印书馆，2008.

[7]张绍勋. 中国印刷史话[M]. 北京：商务印书馆，1997.

[8]邹毅. 证验千年活版印刷术[M]. 北京：中国社会科学出版社，2010.

[9]杨菁，黄友金. 瑞安东源：再现木活字印刷[M]. 杭州：浙江大学出版社，2011.

[10]余英时. 士与中国文化[M]. 上海：上海人民出版社，2003.

[11]谢国桢. 增订晚明史籍考[M]. 上海：上海古籍出版社，1981.

[12]费孝通. 中国士绅[M]. 北京：生活·读书·新知三联书店，2009.

[13]陈传席. 陈洪绶全集[M]. 天津：天津人民美术出版社，2012.

[14][日]井上进. 中国出版文化史[M]. 武汉：华中师范大学出版社，2015.

[15]曹之. 中国古籍版本学（第2版）[M]. 武汉：武汉大学出版社，2007.

[16]王树村. 中国民间美术史[M]. 广州：岭南美术出版社，2004.

[17]杨永德，蒋洁. 中国书籍装帧4000年艺术史[M]. 北京：中国青年出版社，2013.

[18]许正林. 上海广告史[M]. 上海：上海古籍出版社，2018.

[19]阮荣春，胡光华. 中国近代美术史[M]. 天津：天津人民美术出版社，2005.

[20]陈平原，夏晓虹. 图像晚清[M]. 天津：百花文艺出版社，2001.

[21]陈楠. 汉字的诱惑[M]. 武汉：湖北美术出版社，2014.

[22][美]钱存训. 中国纸和印刷文化史[M]. 桂林：广西师范大学出版社，2004.

[23]方晓阳，韩琦. 中国古代印刷工程技术史[M]. 太原：山西教育出版社，2013.

[24]张戬炜. 书生本色[M]. 南京：南京大学出版社，2015.

[25]翁连溪. 清代内府刻书研究（上、下）[M]. 北京：故宫出版社，2013.

## 论文：

[1]张抒. 论明代雕版印刷与宋体字的形成[J]. 南京艺术学院学报（美术与设计版），2012.

[2]汪桂海. 谈明代铜活字印书[J]. 《中国典籍与文化》，2010.

[3]吴建军. 明中期无锡民间印刷术发展对"明体字"成型的影响[J]. 装饰，2011.

[4]肖琼. 明代版面设计创造初探[J]. 艺术科技，2015.

[5]冀叔英. 谈谈明刻本及刻工——附明代中期苏州地区刻工表[J]. 文献，1981.

[6]王其全. 文化的承载与传播——浙江雕版印刷工艺文化研究[J]. 浙江工艺美术，2008.

[7]李德山. 试谈明代版刻[J]. 古籍整理研究学刊，1986.

[8]华人德. 明代中后期雕版印刷的成就[J]. 苏州大学学报，1988.

[9]章宏伟. 胡正言生平及其"饾版""拱花"技术[J]. 美术研究，2013.

[10]曾礼军. 明代印刷出版业对明代小说的影响[J]. 浙江师范大学学报（社会科学版），2004.

[11]杨小语. 浅析明朝中后期江浙一带民间印刷业兴盛之因[J]. 出国与就业（就业版），2011.

[12]刘云霞. 试析明代史钞繁盛的原因[J]. 新乡学院学报（社会科学版），2011.

[13]谭树林. 英国东印度公司与中西文化交流——以在华出版活动为中心[J]. 江苏社会科学，2008.

[14]颜世明，高健. 清代刻书家龙万育生平考述[J]. 理论月刊，2014.

[15]江凌. 试论两湖地区的印刷业[J]. 北京印刷学院学报，2008.

[16]刘淑萍. 清代广东书坊的新型经营模式——以富文斋为例[J]. 新世纪图书馆，2009.

参考资料

217